从零开始学技术—土建工程系列

混凝土工

杜海龙　主编

中国铁道出版社

2012年·北　京

内 容 提 要

本书是按住房和城乡建设部、劳动和社会保障部发布的《职业技能标准》和《职业技能岗位鉴定规范》的内容，结合农民工实际情况，将农民工的理论知识和技能知识编成知识点的形式列出，系统地介绍了混凝土工的常用技能，内容包括混凝土配合比设计、混凝土工施工技术、混凝土工程施工等。本书技术内容最新、最实用，文字通俗易懂，语言生动，并辅以大量直观的图表，能满足不同文化层次的技术工人和读者的需要。

本书可作为建筑业农民工职业技能培训教材，也可供建筑工人自学以及高职、中职学生参考使用。

图书在版编目(CIP)数据

混凝土工/杜海龙主编. —北京：中国铁道出版社，2012.6
(从零开始学技术. 土建工程系列)
ISBN 978-7-113-13586-7

Ⅰ.①混… Ⅱ.①杜… Ⅲ.①混凝土施工 Ⅳ.①TU755

中国版本图书馆 CIP 数据核字(2011)第 203810 号

书　　名：从零开始学技术—土建工程系列
　　　　　混 凝 土 工
作　　者：杜海龙

策划编辑：江新锡　徐　艳
责任编辑：徐　艳　　　　电话：010－51873193
助理编辑：董苗苗
封面设计：郑春鹏
责任校对：胡明锋
责任印制：郭向伟

出版发行：中国铁道出版社(100054，北京市西城区右安门西街 8 号)
网　　址：http://www.tdpress.com
印　　刷：化学工业出版社印刷厂
版　　次：2012 年 6 月第 1 版　2012 年 6 月第 1 次印刷
开　　本：850mm×1168mm　1/32　印张：4.125　字数：102 千
书　　号：ISBN 978-7-113-13586-7
定　　价：13.00 元

从零开始学技术丛书
编写委员会

前　言

随着我国经济建设飞速发展，城乡建设规模日益扩大，建筑施工队伍不断增加，建筑工程基层施工人员肩负着重要的施工职责，是他们依据图纸上的建筑线条和数据，一砖一瓦地建成实实在在的建筑空间，他们技术水平的高低，直接关系到工程项目施工的质量和效率，关系到建筑物的经济和社会效益，关系到使用者的生命和财产安全，关系到企业的信誉、前途和发展。

建筑业是吸纳农村劳动力转移就业的主要行业，是农民工的用工主体，也是示范工程的实施主体。按照党中央和国务院的部署，要加大农民工的培训力度。通过开展示范工程，让企业和农民工成为最直接的受益者。

丛书结合原建设部、劳动和社会保障部发布的《职业技能标准》和《职业技能岗位鉴定规范》，以实现全面提高建设领域职工队伍整体素质，加快培养具有熟练操作技能的技术工人，尤其是加快提高建筑业基层施工人员职业技能水平，保证建筑工程质量和安全，促进广大基层施工人员就业为目标，按照国家职业资格等级划分要求，结合农民工实际情况，具体以“职业资格五级（初级工）”、“职业资格四级（中级工）”和“职业资格三级（高级工）”为重点而编写，是专为建筑业基层施工人员“量身订制”的一套培训教材。

同时，本套教材不仅涵盖了先进、成熟、实用的建筑工程施工技术，还包括了现代新材料、新技术、新工艺和环境、职业健康安全、节能环保等方面的知识，力求做到技术内容先进、实用，文字通俗易懂，语言生动，并辅以大量直观的图表，能满足不同文化层次的技术工人和读者的需要。

本丛书在编写上充分考虑了施工人员的知识需求，形象具体地阐述施工的要点及基本方法，以使读者从理论知识和技能知识两方面掌握关键点。全面介绍了施工人员在施工现场所应具备的技术及其操作岗位的基本要求，使刚入行的施工人员与上岗“零距离”接口，尽快入门，尽快地从一个新手转变成为一个技术高手。

从零开始学技术丛书共分三大系列，包括：土建工程、建筑安装工程、建筑装饰装修工程。

土建工程系列包括：

《测量放线工》、《架子工》、《混凝土工》、《钢筋工》、《油漆工》、《砌筑工》、《建筑电工》、《防水工》、《木工》、《抹灰工》、《中小型建筑机械操作工》。

建筑安装工程系列包括：

《电焊工》、《工程电气设备安装调试工》、《管道工》、《安装起重工》、《通风工》。

建筑装饰装修工程系列包括：

《镶贴工》、《装饰装修木工》、《金属工》、《涂裱工》、《幕墙制作工》、《幕墙安装工》。

本丛书编写特点：

(1)从书内容以读者的理论知识和技能知识为主线，通过将理论知识和技能知识分篇，再将知识点按照【技能要点】的编写手法，读者将能够清楚、明了地掌握所需要的知识点，操作技能有所提高。

(2)以图表形式为主。丛书文字内容尽量以表格形式表现为主，内容简洁、明了，便于读者掌握。书中附有读者应知应会的图形内容。

编者

2012 年 3 月

目　录

第一章　混凝土配合比设计

第一节　设计的方法和步骤

【技能要点 1】设计方法

(1)要使混凝土拌和物具有良好的和易性。和易性是保证便于施工以达到质量要求的重要条件。

(2)保证混凝土具有满足工程结构设计或施工进度所要求的强度。

(3)具有良好的耐久性,满足工程使用及气候条件所要求的强度。

(4)在保证工程质量前提下,应尽量地节约水泥,合理地使用材料,降低成本。

【技能要点 2】设计步骤

具体步骤,如图 1—1 所示。

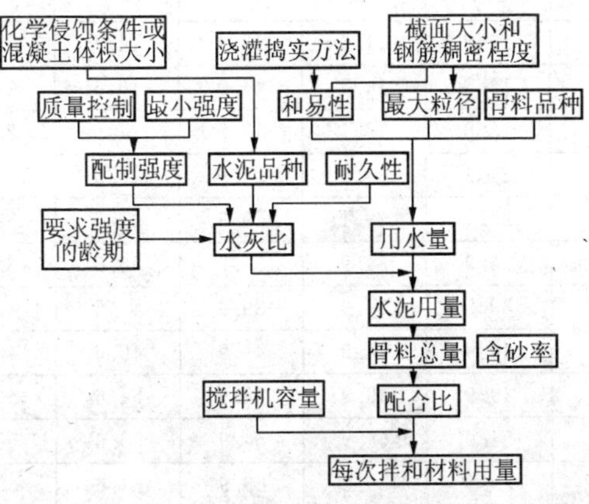

图 1—1　普通混凝土配合设计步骤图解

第二节　设计参数

【技能要点 1】混凝土强度的确定

(1)混凝土的施工配制强度可按下式确定：

$$f_{cu,0} = f_{cu,k} + 1.645\sigma$$

式中　$f_{cu,0}$——混凝土的施工配制强度(MPa)；

$f_{cu,k}$——混凝土的设计强度标准值(MPa)；

σ——施工单位的混凝土强度标准值(MPa)。

(2)施工单位的混凝土强度标准差反映了施工制作混凝土和管理的水平，由试验统计计算，当施工单位不具有近期的同一品种混凝土强度资料时，σ 可按表 1—1 选用。

表 1—1　混凝土强度标准值（单位：MPa）

混凝土强度等级	低于 C20	C20～C35	高于 C35
σ	4.0	5.0	6.0

注：在采用本表时，施工单位可根据实际情况，对 σ 值作适当调整。

(3)混凝土的施工试配强度亦可根据混凝土强度等级和强度标准差采用插值法直接由表 1—2 确定。

表 1—2　混凝土施工配制强度（单位：MPa）

强度标准差		2.0	2.5	3.0	4.0	5.0	6.0
强度等级	C7.5	10.8	11.6	12.4	14.1	15.7	17.4
	C10	13.3	14.1	14.9	16.6	18.2	19.9
	C15	18.3	19.1	19.9	21.6	23.2	24.9
	C20	24.1	24.1	24.9	26.6	28.2	29.9
	C25	29.1	29.1	29.9	31.6	33.2	34.9
	C30	34.9	34.9	34.9	36.6	38.2	39.9
	C35	39.9	39.9	39.9	41.6	43.2	44.9
	C40	44.9	44.9	44.9	46.6	48.2	49.9
	C45	49.9	49.9	49.9	54.6	53.2	54.9
	C50	54.9	54.9	54.9	56.6	58.2	59.9
	C55	59.9	59.9	59.9	61.6	63.2	64.9
	C60	64.9	64.9	64.9	66.6	68.2	69.9

【技能要点 2】水灰比的确定

水灰比公式是混凝土配合的基本公式，分碎石混凝土和卵石混凝土，这两种混凝土的水灰比分别计算。

(1)碎石混凝土计算式：

$$f_{cu,0} = 0.46 f_c^0 (\frac{C}{W} - 0.52)$$

(2)卵石混凝土计算式：

$$f_{cu,0} = 0.46 f_c^0 (\frac{C}{W} - 0.61)$$

式中　$f_{cu,0}$——混凝土的配制强度(N/mm^2)；

f_c^0——水泥实际强度(N/mm^2)；如未测出，$f_c^0 = \lambda f_{ck}^0$；

λf_{ck}^0——水泥标准抗压强度(N/mm)；

$\frac{C}{W}$——灰水比，其倒数即为水灰比。

(3)混凝土的最大水灰比和最小水灰泥用量应符合表1—3的要求。

表1—3　混凝土的最大水灰比和最小水泥用量

混凝土所处的环境条件	最大水灰比	最小水泥用量(kg/m^3)			
		普通混凝土		轻骨料混凝土	
		配筋	无筋	配筋	无筋
不受雨雪影响的混凝土	不作规定	250	200	250	225
受雨雪的露天混凝土；位于水中或水位升降范围内的混凝土；在潮湿环境中的混凝土	0.70	250	225	275	250
寒冷地区水位升降范围的混凝土；受水压作用的混凝土	0.65	275	250	300	275

续上表

混凝土所处的环境条件	最大水灰比	最小水泥用量(kg/m³)			
		普通混凝土		轻骨料混凝土	
		配筋	无筋	配筋	无筋
严寒地区水位升降范围内的混凝土	0.60	300	275	325	300

注:1. 本表中的水灰比,对普通混凝土系指水与水泥(包括外掺混合材料)用量的比值,对轻骨料混凝土系指净用水量(不包括轻骨料 1 h 吸水量)与水泥(不包括外掺混合材料)用量的比值。

2. 本表中的最小水泥用量,对普通混凝土包括外掺混合材料,对轻骨料混凝土不包括外掺混合材料;当采用人工捣实混凝土时,水泥用量应增加 25 kg/m³,当掺用外加剂且能有效地改善混凝土的和易性时,水泥用量可减少 25 kg/m³。

3. 当混凝土强度等级低于 C10 时,可不受本表的限制。

4. 寒冷地区系指最冷月份平均气温为-15 ℃~-5 ℃;严寒地区系指最冷月份平均气温低于-15 ℃的地区。

【技能要点 3】稠度

(1)混凝土浇筑时坍落度的要求见表 1—4。

表 1—4 混凝土浇筑时的坍落度(单位:mm)

结构种类	坍落度
基础或地面等的垫层、无配筋的大体积结构(挡土墙、基础等)或配筋稀疏的结构	10~30
板、梁和大型及中型截面的柱子等	30~50
配筋密列的结构(薄壁、斗仓、筒仓、细柱等)	50~70
配筋特密的结构	70~90

注:1. 本表系采用机械振捣混凝土时的坍落度,当采用人工捣实混凝土时其值可适当增大;

2. 当需要配制大坍落度混凝土时,应掺用外加剂;

3. 曲面或斜面结构混凝土的坍落度应根据实际需要另行选定;

4. 轻骨料混凝土的坍落度宜比表中数值减少 10~20 mm。

(2)一般情况下,流动性混凝土的选择坍落度以 100～150 mm 为宜。泵送高度较大以及在炎热气候下施工时可采用 150～180 mm 或更大的大流动性混凝土。

(3)混凝土拌和物按坍落度分级见表 1—5。

表 1—5　混凝土按坍落度分级及允许偏差

级别	名称	坍落度(mm)	允许偏差(mm)
T1	低塑性混凝土	10～40	±10
T2	塑性混凝土	50～90	±20
T3	流动性混凝土	100～150	±30
T4	大流动性混凝土	＞160	±30

【技能要点 4】砂率

按骨料品种、规格及水灰比值,通过查表 1—6 确定,也可根据自己的经验选用。如确有必要,可按下列原则经试验确定合理的砂率值。

表 1—6　混凝土砂率选用表（%）

水灰比(W/C)	碎石最大粒径(mm)			卵石最大粒径(mm)		
	15	20	40	10	20	40
0.40	30～35	29～34	27～32	26～32	25～31	24～30
0.50	33～38	32～37	30～35	30～35	29～34	28～33
0.60	36～41	35～40	33～38	33～38	32～37	31～36
0.70	39～44	38～43	36～41	36～41	35～40	34～39

注:1. 表中数值系中砂的选用砂率。对细砂或粗砂,可相应的减少或增加砂率;

2. 本砂率表适用于坍落度为 10～60 mm 的混凝土。坍落度如大于 60 mm 或小于 10 mm 时,应相应的增加或减少砂率;

3. 只用一个单粒级粗骨料配制混凝土时砂率应适当增加;

4. 掺有各种外加剂或掺和料时,其合理砂率值应经试验或参照其他有关规定选用。

(1)混凝土拌和物的合理砂率是指在用水量及水泥用量一定的情况下,使混凝土拌和物获得最大流动性,且能保持黏聚性及保水性良好时的砂率值。

(2)进行确定合理的砂率试验时，至少应拌制五组不同砂率的拌和物。各组的用水量及水泥用量应相同，而砂率值应以每组相差2%～3%的间隔变动。分别测定每组的坍落度值，并同时检验其黏聚性及保水性情况，然后，各制作强度试块备用。对坍落度值小于10 mm的干硬性或半干硬性混凝土，应以维持稠度值作为合理砂率值的基础。

砂的质量要求

配制混凝土的砂子，要求颗粒坚硬、洁净，砂中各种有害杂质的含量必须控制在一定范围之内。所谓有害杂质是指黏土、淤泥、云母片、轻物质、硫化物、硫酸盐及有机质等。

砂中黏土、淤泥、云母片、轻物质、有机物含量超过允许量，则会降低混凝土的强度；硫化物、硫酸盐含量超过允许值会影响混凝土的耐久性，并引起钢筋的锈蚀。砂的质量要求可参见表1—7。

表1—7　砂的质量要求

质量	项目		质量指标
含泥量（按重量计%）	混凝土强度等级	≥C30	≤3.0
		<C30	≤5.0
泥块含量（按重量计%）		≥C30	≤1.0
		<C30	≤2.0
有害物质限量	云母含量（按重量计%）		≤2.0
	轻物质含量（按重量计%）		≤1.0
	硫化物及硫酸盐含量（折算成SO_3按重量计%）		≤1.0
	有机物含量（用比色法试验）		颜色不应深于标准色，如深于标准色，则应按水泥胶砂强度试验方法，进行强度对比试验，抗压强度比不应低于0.95

续上表

<table>
<tr><th>质量</th><th colspan="2">项目</th><th colspan="2">质量指标</th></tr>
<tr><td rowspan="2">坚固性</td><td rowspan="2">混凝土所处的环境条件</td><td>在严寒及寒冷地区室外使用并经常处于潮湿或干湿交替状态下的混凝土</td><td rowspan="2">循环后重量损失(%)</td><td>≤8</td></tr>
<tr><td>其他条件下使用的混凝土</td><td>≤10</td></tr>
</table>

砂应采用天然砂，砂中含泥量、泥块含量限值应符合表1—8的规定；砂中有害物质限值应符合表1—9的规定。

表1—8　砂中含泥量、泥块含量限值

混凝土强度等级	≥C30	＜C30
含泥量(按重量计%)	≤3.0	≤5.0
泥块含量(按重量计%)	≤1.0	≤2.0

表1—9　砂中有害物质限值

项目	质量指标
云母含量(按重量计%)	≤2.0
轻物质含量(按重量计%)	≤1.0
硫化物及硫酸盐含量(折算成 SO_3，按重量计%)	≤1.0
有机物含量(用比色法试验)	颜色不应深于标准色，如深于标准色，则应按水泥胶砂强度试验方法，进行强度对比试验，抗压强度比不应低于0.95

(3)用坐标纸作坍落度值—砂率关系图,一般情况下如砂率过大,骨料的总表面积和空隙率都增大,混凝土拌和物显得干稠,流动性较小。如砂率过小,则砂浆量不足,也将降低拌和物的流动性。因此,在图上将出现一个坍落度的极大值,与此相应的砂率值即为合理砂率值。在水灰比及用水量比较大的情况下,砂率过小会引起混凝土的离析及泌水。此时,坍落度值大而不稳定,以致在关系图上反映不出极大值点来。因此,合理砂率值应为黏聚性及保水性保持良好,且混凝土坍落度值为最大时所相应的砂率值。

(4)砂率对混凝土强度的影响在一定的范围内并不明显。因此,合理的砂率值主要由黏聚性、保水性、坍落度来确定,各组强度试验结果作为分析时参考之用。

【技能要点5】用水量

(1)用水量指1 m^3 混凝土的用水量,它与骨料的品种、规格及坍落度有关,一般可按下式计算:

$$W=\frac{10(T+K)}{3}$$

式中　W——1 m^3 混凝土的用水量(kg);

T——坍落度(cm);

K——骨料常数,见表1—10。

表1—10　流动性混凝土用水量的骨料常数

粗骨料最大粒径(mm)		10	20	40	80
K	碎石	57.5	53.0	48.5	44.0
	卵石	54.5	50.0	45.5	41.0

注:采用火山灰质水泥时,K 增加4.5～6.0;采用细砂时,K 增加3.0。

(2)用水量也可以参照表1—11选用。

表1—11　混凝土用水量选用表(单位:kg/m^3)

所需坍落度(mm)	卵石最大粒径(mm)			碎石最大粒径(mm)		
	10	20	40	15	20	40
10～30	190	170	160	205	185	170

续上表

所需坍落度(mm)	卵石最大粒径(mm)			碎石最大粒径(mm)		
	10	20	40	15	20	40
30～50	200	180	170	215	195	180
50～70	210	190	180	225	205	190
70～90	215	195	185	235	215	200

注:1. 本表用水量系采用中砂时的平均值。如采用细砂,1 m^3 混凝土用水量可增加 5～10 kg;采用粗砂则可减少 5～10 kg。

2. 掺用各种外加剂或掺和料时,可相应增减用水量。

3. 混凝土坍落度大小为 10 mm 时,用水量按各地已有经验取用。

4. 本表不适用水灰比小于 0.4 或大于 0.8 的混凝土。

【技能要点 6】水泥用量

水泥用量可根据已定的用水量和灰比按下式计算:

$$m_{co} = \frac{m_{wo}}{W/C}$$

式中　m_{co}——每立方米混凝土的水泥用量(kg/m^3);

m_{wo}——每立方米混凝土的用水量(kg/m^3)。

计算所得的水泥用量小于表 1—11 所规定的最小水泥用量时,则应按表 1—11 取用。混凝土的最小水泥用量不宜大于 550 kg/m^3。

第三节　计算方法

【技能要点 1】假定容重法

假定容重法的依据是假定混凝土制成后的容重等于所投放材料的总重。用计算式表示如下:

$$r_n = C + S + G + W$$

式中　r_n——混凝土的容重(kg/m^3),按表 1—12 选用;

C,S,G,W——依次是水泥、砂、石子、水投放在 1 m^3 混凝土中的用量(kg/m^3)。

表 1—12 混凝土的假定容重 r_n

混凝土强度等级	≤C10	C15～C30	≥C40
假定容重(kg/m^3)	2 360	2 400	2 450

(1)计算砂、石总重

$$(S+G)=r_n-C-W$$

(2)计算砂重、石重

将参数计算所得的砂率(S_ρ)代入下式：

$$S=S_\rho(S+G)$$

得：

$$G=(S+G)-S$$

(3)列出配合比

设水泥用量为1,则各种用料的配合比可见下式：

$$\frac{W}{C}:1:\frac{S}{C}:\frac{G}{C}$$

【技能要点2】绝对体积法

绝对体积法是指所投放的材料的总体积等于1 m^3(1 000 L)，可用下式表示：

$$V_C+V_S+V_G+V_W=1\,000$$

式中 V_C,V_S,V_G,V_W——依次为水泥、砂、石子、水的体积(L)。

(1)计算材料密度

用测试或查表法求得材料的密度，见表1—13。

表 1—13 砂、石子容量、密度及空隙率

名称	容重(kg/m^3)	密度(g/cm^3)	空隙率(%)
砂	1 400～1 600	2.6～2.7	38～48
碎石	1 400～1 600	2.65～2.75	40～48
卵石	1 550～1 700	2.65～2.75	36～44

(2)计算砂、石子的总体积

将计算所得水和水泥的重量代入下式，便得砂和石子的体积：

$$V_S + V_G = 1000 - (\frac{C}{\rho_C} + W)$$

式中　ρ_C——水泥的密度，硅酸盐水泥是0.3～3.15 g/cm³，矿渣水泥、火山灰质水泥、粉煤灰水泥是2.8～3.0 g/cm³。

(3)计算砂的实际体积和重量

$$V_S = S_\rho (V_S + V_G)$$

$$S = V_S \cdot \rho_S$$

式中　ρ_S——砂的密度，见表1—10。

(4)计算石子的体积和重量

$$V_G = (V_S + V_G) - V_S$$

$$G = V_G \cdot \rho_G$$

式中　ρ_G——石子的密度，见表1—10。

石子的质量要求

(1)对针、片状颗粒的限制。所谓针状颗粒是指颗粒的长度大于该颗粒粒级的平均粒径2.4倍的石子；而石子的厚度小于平均粒径的40%时，称为片状石子。平均粒径是指该粒级的上下限粒径的平均值，如5～40 mm，其平均粒径为22.5 mm。由于针、片状石子在混凝土骨料结合中不利于配合，所以根据混凝土强度的高低，含量有所限制。碎石或卵石中针、片状颗粒含量应符合表1—14的规定。

(2)对含泥量的限制。对高于或等于C30强度的混凝土及有抗冻、抗渗要求的混凝土，其所用石子的含泥量不大于1%；低于C30强度的混凝土，其所用石子的含泥量不大于2%。卵石应由自然条件作用而形成的粒径大于5 mm的岩石颗粒。

碎石或卵石中含泥量、泥块含量限值应符合表1—15的规定。

表 1—14 石中针、片状颗粒含量

混凝土强度等级	≥C30	<C30
针、片状颗粒含量(按重量计%)	≤15	≤25

表 1—15 石中含泥量、泥块含量限值

混凝土强度等级	≥C30	<C30
含泥量(按重量计%)	≤1.0	≤2.0
泥块含量(按重量计%)	≤0.5	≤0.7

(3)对有害物质含量的限制。碎石或卵石中有害物质含量限值应符合表 1—16 的规定。

表 1—16 石中有害物质含量限值

项目	质量指标
硫化物及硫酸盐含量(折算成 SO_3,按重量计%)	≤1.0
卵石中有机物质含量(用比色法试验)	颜色应不深于标准色,如深于标准色,则应配制成混凝土进行强度对比试验,抗压强度比应不低于 0.95

(4)当怀疑碎石或卵石中因含有无定形二氧化硅而可能引起碱一骨料反应时,应根据混凝土结构或构件的使用条件,进行专门试验,以确定是否可用。

第四节 适配、调整和确定

【技能要点 1】混凝土配合比试配

当初步配合比确定后,试配时应采用工程中实际使用的材料,砂、石的称量均以干燥状态材料为基准。试配用拌和量应根据骨料最大粒径不小于表 1—17 的建议值。

表 1—17　混凝土试配用拌和量

骨料最大粒径(mm)	拌和物数量(L)
≤30	15
40	20

如需进行抗冻、抗渗或其他项目的试验，则应根据试验项目的需要计量用量。

采用机械搅拌时，拌和量应不小于搅拌机额定拌和量的1/4。

【技能要点 2】混凝土配合比调整

(1)和易性调整

1)若坍落度过小，可保持水灰比不变，增加适量的水泥浆，并相应减小砂石用量。对于普通混凝土，增加 1 cm 坍落度，约需增加水泥浆 2%～5%。然后重新拌和试验，直到坍落度符合要求为止。

2)若坍落度过大，且拌和物黏聚性不足，可减小水泥浆用量，并保持砂石总重量不变，适当提高砂率，在增加砂用量的同时，相应的减少石子的用量，以保持砂石总重量不变。试验直到满足坍落度要求为止。

3)另外，为简化起见，也可以只增减水泥浆数量，不相应改变砂石数量使和易性合格。

4)坍落度的调整时间不宜过长，一般不超过 20 min 为宜。

5)经过调整后，应重新计算 1 cm^3 水泥、砂、石、水的用量，提出供检验混凝土强度用的基准配合比。

(2)水灰比调整

1)应调整使不同水灰比的三组混合物均满足和易性要求后，制作混凝土强度试块。每种配合比应至少制作一组(三块)试块，标准养护 28 d 后试压。

2)根据试验得出的强度值 $f_{cu,0}$，作出 $f_{cu,0}$ 与 C/W 关系图，由图求出或计算出最适宜的水灰比值，以满足 $f_{cu和0}$ 和 W/C 的最佳匹配。

3)定出经调整后混凝土所需配合比，其值为：用水量取基准配合比中用水量值，并根据制作强度试块时测得的坍落度（或工作度）值，加以调整。

4)水泥用量取用水量乘以经试验定出的为达到 $f_{cu,0}$ 所必需的灰水比值。

5)砂、石用量取基准配合比中砂、石用量，并按定出的水灰比值作适当调整。

(3)容重调整

1)初步定出的混凝土配合比，还应以实测的混凝土密度再作必要的校正：

$$混凝土计算密度值=W+C+S+G$$

2)将混凝土的实测密度除以计算密度，得出校正系数 K，即：

$$K=\frac{混凝土实测密度值}{混凝土计算密度值}$$

3)定出的混凝土配合比中的每项材料用量均乘以校正系数 K。经乘以 K 值后的配合比，即为最终定出的混凝土配合比设计值。

第二章　混凝土工施工技术

第一节　混凝土搅拌

【技能要点1】搅拌要求

搅拌混凝土前，加水空转数分钟，将积水倒净，使拌筒充分润湿。搅拌第一盘时，考虑到筒壁上的砂将损失，石子用量应按配合比规定减半。

搅拌好的混凝土要做到基本卸尽。在全部混凝土卸出之前不得再投入拌和料，更不得采取边出料边进料的方法。严格控制水灰比和坍落度，未经试验人员同意不得随意加减用水量。

水的质量要求

水是混凝土的主要组成材料之一。混凝土用水按水源可分为饮用水、地表水、地下水、海水、生活污水和工业废水等。符合国家标准的饮用水，可拌制各种混凝土。地表水首次使用前，应按《混凝土用水标准》(JGJ 63—2006)规定进行检验，合格后方可使用。

(1)拌和用水所含物质。拌和用水所含物质对混凝土、钢筋混凝土和预应力混凝土不应产生以下有害作用：

1)影响混凝土的和易性及凝结。

2)有损于混凝土强度发展。

3)降低混凝土的耐久性，加快钢筋腐蚀及导致预应力钢筋脆断。

4)污染混凝土表面。

(2)凝结时间。用待检验水和蒸馏水(或符合国家标准的生活饮用水)试验所得的水泥初凝时间差及终凝时间差均不得大于 30 min,其初凝和终凝时间尚应符合水泥国家标准的规定。

(3)抗压强度。用待检验水配制的水泥砂浆或混凝土的 28 d抗压强度(若有早期抗压强度要求时需增加 7 d 抗压强度)不得低于用蒸馏水(或符合国家标准的生活饮用水)拌制的对应砂浆或混凝土抗压强度的 90%。

(4)水的 pH 值。水的 pH 值、不溶物、可溶物、氯化物、硫酸盐、硫化物的含量应符合表 2—1 的规定。

表 2—1　混凝土拌和用水的物质含量限值

项目	预应力混凝土	钢筋混凝土	索混凝土
pH 值	>4	>4	>4
不溶物(mg/L)	<2 000	<2 000	<5 000
可溶物(mg/L)	<2 000	<5 000	<10 000
氯化物(以 Cl^- 计)(mg/L)	<500	<1 200	<3 500
硫酸盐(以 SO_4^{2-} 计)(mg/L)	<600	<2 700	<2 700
硫化物(以 S^{2-} 计)(mg/L)	<100	—	—

注:使用钢丝或经热处理钢筋的预应力混凝土氯化物含量不得超过 350 mg/L。

【技能要点 2】材料配合比的确定

严格掌握混凝土材料配合比。在搅拌机旁挂牌公布材料配合比,便于检查。

混凝土原材料按重量计的允许偏差,不得超过下列规定:

(1)水泥、外加掺和料误差不超过±2%;

(2)粗细骨料误差不超过±3%;

(3)水、外加剂溶液误差不超过±2%。

各种衡器应定时校验,并经常保持准确。骨料含水率应经常测定。雨天施工时,应增加测定次数。

【技能要点3】搅拌时间

(1)搅拌时间的确定

从原料全部投入搅拌机筒时起,至混凝土拌和料开始卸出时止,所经的时间称作搅拌时间。通过充分搅拌,应使混凝土的各种组成材料混台均匀,颜色一致;高强度等级混凝土、干硬性混凝土更应严格执行。搅拌时间随搅拌机的类型及混凝土拌和料和易性的不同而异。在生产中,应根据混凝土拌和料要求的均匀性、混凝土强度增长的效果及生产效率几种因素,规定合适的搅拌时间。但混凝土搅拌的最短时间应符合表2—2的规定。

表2—2 混凝土搅拌的最短时间(单位:s)

混凝土坍落度(mm)	搅拌机类型	搅拌机容积(L)		
		250	250~500	>500
≤30	自落式	90	120	150
	强制式	60	90	120
>30	自落式	90	90	120
	强制式	60	60	90

(2)混凝土搅拌时间控制

1)混凝土搅拌的最短时间系指自全部材料装入搅拌筒中起,到开始卸料止的时间。

2)当掺有外加剂时,搅拌时间应适当延长。在拌和掺有掺和料(如粉煤灰等)的混凝土时,宜先以部分水、水泥及掺和料在机内拌和后,再加入砂、石及剩余水,并适当延长拌和时间。

3)全轻混凝土宜采用强制式搅拌机搅拌,砂轻混凝土可采用自落式搅拌机搅拌,但搅拌时间应延长60~90 s。

自落式搅拌机简介

自落式搅拌机的搅拌鼓筒是垂直放置的。随着鼓筒的转动，混凝土拌和料在鼓筒内做自由落体式翻转搅拌，从而达到搅拌的目的。自落式搅拌机多用以搅拌塑性混凝土和低流动性混凝土。筒体和叶片磨损较小，易于清理，但动力消耗大，效率低。搅拌时间一般为 90～120 s/盘，其构造如图 2—1 至图 2—3 所示。

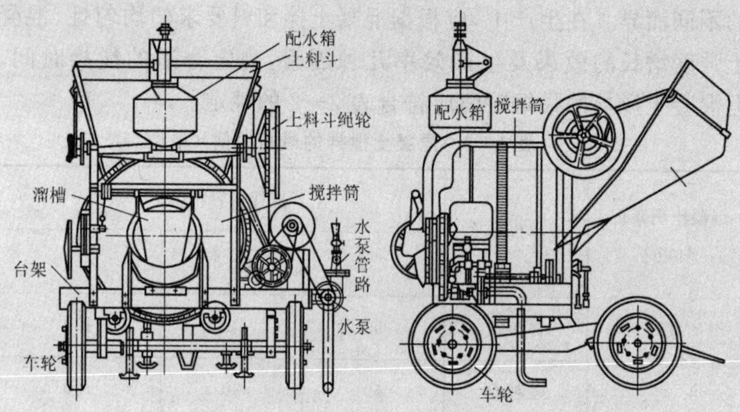

图 2—1　自落式搅拌机

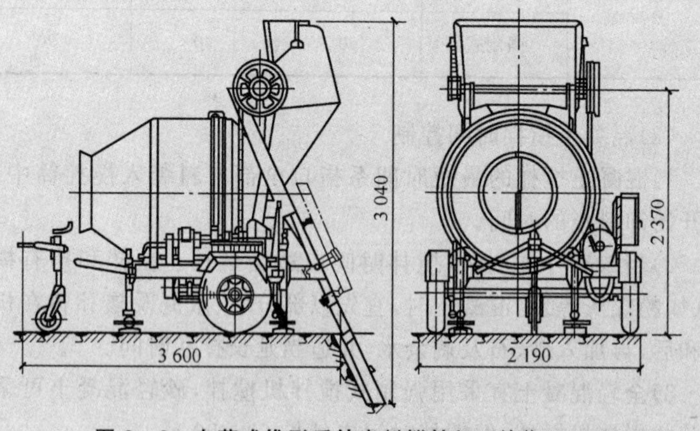

图 2—2　自落式锥形反转出料搅拌机（单位：mm）

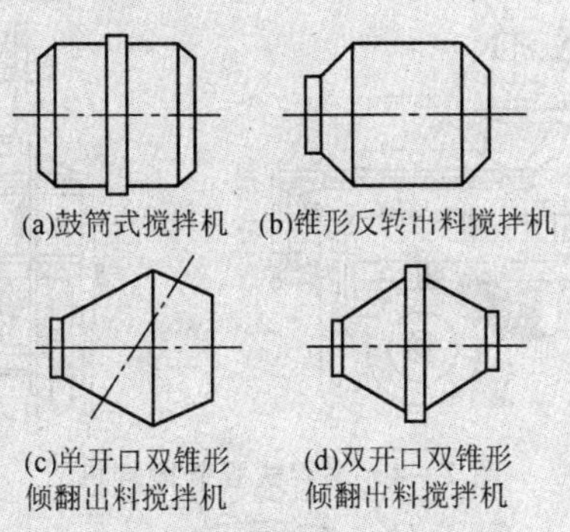

图 2—3　落式混凝土搅拌机搅拌筒的几种形式

鉴于此类搅拌机对混凝土骨料有较大的磨损，从而影响混凝土质量，现已逐步被强制式搅拌机所取代。

4)采用强制式搅拌机搅拌轻骨料混凝土的加料顺序是：当轻骨料在搅拌前预湿时，先加粗、细骨料和水泥搅拌 30 s，再加水继续搅拌；当轻骨料在搅拌前未预湿时，先加 1/2 的总用水量和粗、细骨料搅拌 60 s，再加水泥和剩余用水量继续搅拌。

强制式搅拌机简介

强制式搅拌机的鼓筒筒内有若干组叶片，搅拌时叶片绕竖轴或卧轴旋转，将材料强行搅拌，直至搅拌均匀。这种搅拌机的搅拌作用强烈，适宜于搅拌干硬性混凝土和轻骨料混凝土，也可搅拌流动性混凝土，具有搅拌质量好、搅拌速度快、生产效率高、操作简便及安全等优点。但机件磨损严重，一般需用高强合金钢或其他耐磨材料做内衬，多用于集中搅拌站。外形如图 2—4 所示，构造如图 2—5 和图 2—6 所示。

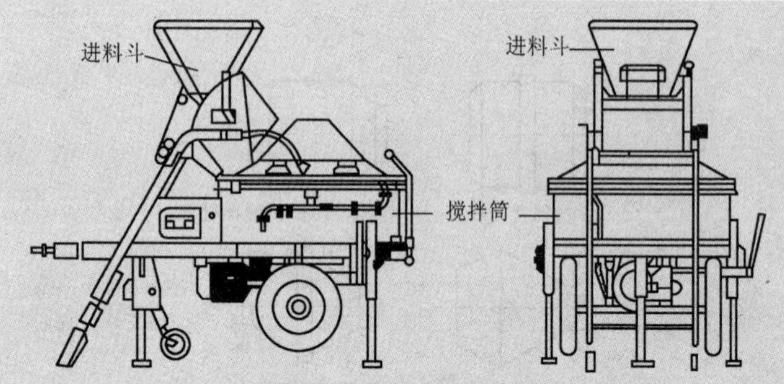

图 2—4　涡桨式强制搅拌机

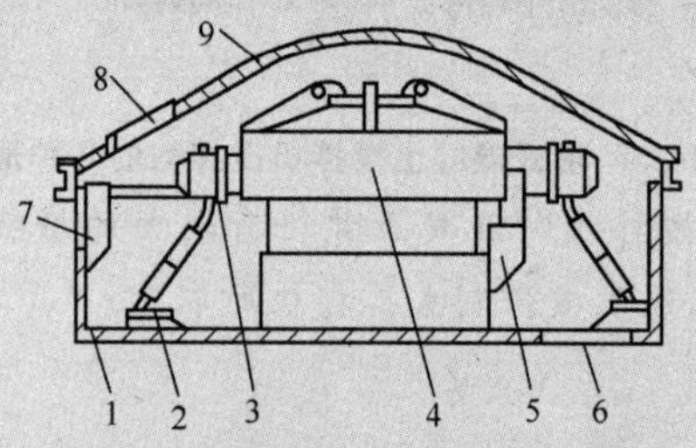

图 2—5　涡桨式强制搅拌机构造图

1—搅拌盘；2—搅拌叶片；3—搅拌臂；4—转子；5—内壁铲刮叶片；
6—出料口；7—外壁铲刮叶片；8—进料口；9—盖板

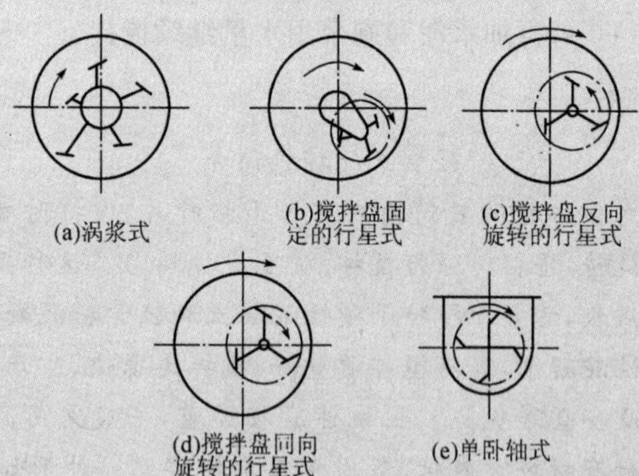

图 2—6　强制式混凝土搅拌机的几种形式

5)当采用其他形式的搅拌设备时,搅拌的最短时间应按设备说明书的规定或经试验确定。

6)混凝土的搅拌时间,每一工作班至少抽查两次。

7)混凝土搅拌完毕后应在搅拌地点和浇筑地点分别取样检测坍落度,每一工作班不应少于两次,评定时应以浇筑地点的测值为准。

【技能要点4】原材料

(1)在混凝土每一工作班正式称量前,应先检查原材料质量,必须使用合格材料;各种衡器应定期校核,每次使用前进行零点校核,保持计量准确。

原材料质量标准

1. 主控项目

(1)水泥进场时应对其品种、级别、包装或散装仓号、出厂日期等进行检查,并应对其强度、安定性及其他必要的性能指标进行复验,其质量必须符合现行国家标准《通用硅酸盐水泥》国家标准第1号修改单(GB 175—2007/XG1－2009)等的规定。

当在使用中对水泥质量有怀疑或水泥出厂超过三个月(快硬硅酸盐水泥超过一个月)时,应进行复验,并按复验结果使用。

钢筋混凝土结构、预应力混凝土结构中,严禁使用含氯化物的水泥。

检查数量:按同一生产厂家、同一等级、同一品种、同一批号且连续进场的水泥,袋装不超过200 t为一批,散装不超过500 t为一批,每批抽样不少于一次。

检验方法:检查产品合格证、出厂检验报告和进场复验报告。

(2)混凝土中掺用外加剂的质量及应用技术应符合现行国家标准《混凝土外加剂》(GB 8076—2008)、《混凝土外加剂应用技术规范》(GB 50119—2003)等和有关环境保护的规定。

预应力混凝土结构中，严禁使用含氯化物的外加剂。钢筋混凝土结构中，当使用含氯化物的外加剂时，混凝土中氯化物的总含量应符合现行国家标准《混凝土质量控制标准》(GB 50164—2011)的规定。

检查数量：按进场的批次和产品的抽样检验方案确定。

检验方法：检查产品合格证、出厂检验报告和进场复验报告。

(3)混凝土中氯化物和碱的总含量应符合现行国家标准《混凝土结构设计规范》(GB 50010—2010)和设计的要求。检验方法：检查原材料试验报告和氯化物、碱的总含量计算书。

2. 一般项目

(1)混凝土中掺用矿物掺合料的质量应符合现行国家标准《用于水泥和混凝土中的粉煤灰》(GB/T 1596—2005)等的规定。矿物掺合料的掺量应通过试验确定。

检查数量：按进场的批次和产品的抽样检验方案确定。

检验方法：检查出厂合格证和进场复验报告。

(2)普通混凝土所用的粗、细骨料的质量应符合国家现行标准《普通混凝土用砂、石质量标准及检验方法》(JGJ 52—2006)的规定。

检查数量：按进场的批次和产品的抽样检验方案确定。

检验方法：检查进场复验报告。

(3)拌制混凝土宜采用饮用水；当采用其他水源时，水质应符合国家现行标准《混凝土拌和用水标准》(JGJ 63—2006)的规定。

检查数量：同一水源检查不应少于一次。

检验方法：检查水质试验报告。

(2)施工中应测定骨料的含水率，当雨天施工含水率有显著变化时，应增加测定系数，依据测试结果及时调整配合比中的用水量和骨料用量。

(3)混凝土原材料每盘称量的偏差不得超过表 2—3 中的允许偏差的规定。

表 2—3　原材料每盘称量的允许偏差

材料名称	允许偏差
水泥、掺和料	±2%
粗、细骨料	±3%
水、外加剂	±2%

为了保证称量准确，水泥、砂、石子、掺和料等干料的配合比，应采用重量法计量，严禁采用容积法；水的计量是在搅拌机上配置的水箱或定量水表上按体积计量；外加剂中的粉剂可按比例稀释为溶液，按用水量加入，也可将粉剂按比例与水泥拌匀，按水泥计量。施工现场要经常测定施工用的砂、石料的含水率，将实验室中的混凝土配合比换算成施工配合比，然后进行配料。

【技能要点 5】搅拌要点

搅拌装料顺序为石子→水泥→砂。每盘装料数量不得超过搅拌筒标准容量的 10%。

在每次用搅拌机拌和第一罐混凝土前，应先开动搅拌机空车运转，运转正常后，再加料搅拌。拌第一罐混凝土时，宜按配合比多加入 10%的水泥、水、细骨料的用量；或减少 10%的粗骨料用量，使多余的砂浆布满鼓筒内壁及搅拌叶片，防止第一罐混凝土拌和物中的砂浆偏少。

在每次用搅拌机开拌之始，应注意监视与检测开拌初始的前二三罐混凝土拌和物的和易性。如不符合要求时，应立即分析情况并处理，直至拌和物的和易性符合要求，方可持续生产。

当开始按新的配合比进行拌制或原材料有变化时，亦应注意开拌鉴定与检测工作。

使用外加剂时，应注意检查核对外加剂剂名、生产厂名、牌号等。使用时一般宜先将外加剂制成外加剂溶液，并预加入拌用水中，当采用粉状外加剂时，也可采用定量小包装外加剂另加载体的掺用方式。当用外加剂溶液时，应经常检查外加剂溶液的浓度，并应经常搅拌外加剂溶液，使溶液浓度均匀一致，防止沉淀。溶液中的水量，应包括在拌和用水量内。

混凝土用量不大，而又缺乏机械设备时，可用人工拌制。拌制一般应用铁板或包有镀锌薄钢板的木制拌板上进行操作，如用木制拌扳时，宜将表面刨光，镶拼严密，使不漏浆。拌和要先干拌均匀，再按规定用水量随加水随湿拌至颜色一致，达到石子与水泥浆无分离现象为准。当水灰比不变时，人工拌制要比机械搅拌多耗10%～15%的水泥。

【技能要点6】拌和物性能要求

混凝土拌和物的质量指标包括稠度、含气量、水灰比、水泥含量及均匀性等。各种混凝土拌和物应检验其稠度。检测结果应符合表2—4的规定。

表2—4　混凝土稠度的分级及允许偏差

稠度分类	级别名称	级别符号	测值范围	允许偏差
坍落度(mm)	低塑性混凝土	T_1	10～40	±10
	塑性混凝土	T_2	50～90	±20
	流动性混凝土	T_3	100～500	±30
	大流动性混凝土	T_4	≥160	±30
维勃稠度(s)	超干硬性混凝土	V_0	≥31	±6
	特干硬性混凝土	V_1	30～21	±6
	干硬性混凝土	V_2	20～11	±4
	半干硬性混凝土	V_3	10～5	±3

掺引气型外加剂的混凝土拌和物应检验其含气量。一般情况下，根据混凝土所用粗骨料的最大粒径，其含气量的检测指标不宜超过表2—5的规定。

表 2—5　混凝土的含气量及其允许偏差表

粗骨料最大粒径(mm)	混凝土含气量最大限值(%)
10	7.0
15	6.0
20	5.5
25	5
40	4.5
50	4
80	3.5
150	3

有时根据需要检验混凝土拌和和物的水灰比和水泥含量。实测的水灰比和水泥含量应符合配合比设计要求。

混凝土拌和物应满足拌和均匀,颜色一致,不得有离析、泌水现象等要求。其检测结果应符合表 2—6 的要求。

表 2—6　混凝土拌和物均匀性指标

检查项目	指标
混凝土中砂浆密度测值的相对误差	≤0.8%
单位体积混凝土中粗骨料含量测值的相对误差	≤5%

【技能要点 7】特殊季节混凝土拌制

冬期施工时,投入混凝土搅拌机中各种原材料的温度往往不同,要通过搅拌,使混凝土内温度均匀一致。因此,搅拌时间应比表 2—1 中的规定时间延长 50%。

搅拌机的使用注意事项

(1)使用操作要点

1)移动式搅拌机的停放位置必须选择平整坚实的场地,周围应有良好的排水沟渠。

2)搅拌机就位后,放下支腿将机架顶起,使轮胎离地。在作业期较长的地区使用时,应用垫木将机器架起,卸下轮胎和牵引杆，并将机器调平。

3）料斗放到最低位置时，在料斗与地面之间应加一层缓冲垫木。

4）接线前检查电源电压，电压升降幅度不得超过搅拌机电气设备规定的5%。

5）作业前应先进行空载试验，观察搅拌筒或叶片旋转方向是否与要求所示方向一致，如方向相反，则应改变电机接线。反转出料的搅拌机，应使搅拌机筒正反转运转数分钟，察看有无冲击抖动现象，如有异常噪音，应停机检查。

6）拌筒或叶片运转正常后，再进行料斗提升试验，观察离合器、制动器是否灵活可靠。

7）检查和校正供水系统的指示水量与实际水量是否一致，如误差超过2%，应检查管路是否漏水，必要时应调整节流阀。

8）每次加入的拌和料不得超过搅拌机规定值的10%。为减少粘罐，加料的次序应为粗骨料→水泥→砂子或砂子→水泥→粗骨料。

9）料斗提升时，严禁任何人在料斗下停留或通过。如必须在料斗下检修时，应将料斗提升后，再用铁链锁住。

10）作业过程不得检修、调整或加油；不得将砂、石等物料落入机器的传动机构内。

11）搅拌过程不宜停车，如因故必须停车，在再次启动前应卸除荷载，不得带载启动。

12）以内燃机为动力的搅拌机，在停机前先脱开离合器，停机后仍应合上离合器。

13）如遇冰冻天气，停机后应将供水系统的积水放净。内燃机的冷却水也应放净。

14）搅拌机在场内移动或远距离运输时，应将进料斗提升到上止点，用保险铁链锁住。

15）固定式搅拌机安装时，主机与辅机都应用水平尺校正水平。有气动装置的，风源气压应稳定在 0.6 MPa 左右。作业时不得打开检修孔，入孔检修先把空气开关关闭，并派人监护。

(2)维护保养

1)每次作业后，清洗搅拌筒内外积灰。搅拌筒内拌和料不接触部分，清洗完毕后涂上一层机油，便于下次清洗。

2)移动式搅拌机的轮胎气压应保持在规定值。轮胎螺栓应旋紧。

3)料斗钢丝绳如有松散现象，应排列整齐并收紧钢丝绳。

4)用气压装置的搅拌机，作业后应将贮气筒及分路盒内积水放出。

(3)保护

1)电动机应装设外壳或采用其他保护措施，防止水分和潮气浸入而损坏。电动机必须安装启动开关，速度由缓变快。

2)开机后，经常注意搅拌机各部件的运转是否正常。停机时，经常检查搅拌机叶片是否打弯，螺丝有否打落或松动。

3)当混凝土搅拌完毕或预计停歇 1 h 以上时，除将余料除净外，应用石子和清水倒入拌筒内，开机转动 5～10 min，把粘在料筒上的砂浆冲洗干净后全部卸出。料筒内不得有积水，以免料筒和叶片生锈。同时还应清理搅拌筒外积灰，使机械保持清洁完好。下班后及停机不用时，将电动机保险丝取下，以策安全。

投入混凝土搅拌机中的骨料不得带有冰屑、雪团及冻块，否则会影响混凝土中用水量的准确性和破坏水泥石与骨料之间的黏结。当水需加热时，还会消耗大量热能，降低混凝土的温度。

当需加热原材料以提高混凝土的温度时，应优先采用将水加热的方法。因为水的加热方法简便，且水的比热容大，其比热容约为砂、石的 4.5 倍，故将水加热是最经济、最有效的方法。只有当加热水达不到所需的温度要求时，才可依次对砂、石进行加热。水泥不得直接加热，使用前宜事先运入暖棚内存放。

水可在锅中或锅炉中加热或直接通入蒸汽加热。骨料可用热炕、铁板、通汽蛇形管或直接通入蒸汽等方法加热。水及骨料的加热温度应根据混凝土搅拌后的最终温度要求，通过热工计算确定，其加热最高温度不得超过表 2—7 的规定。

表 2—7　拌和水及骨料加热最高温度

项　目	拌和水(℃)	骨料(℃)
强度等级小于 52.5 级的普通硅酸盐水泥、矿渣硅酸盐水泥	80	60
强度等级等于或大于 52.5 级的硅酸盐水泥、普通硅酸盐水泥	60	40

当骨料不加热时，水可加热到 100 ℃。但搅拌时，为防止水泥“假凝”，水泥不得与 80 ℃以上的水直接接触。因此，投料时，应先投入骨料和已加热的水，稍加搅拌后，再投入水泥。

采用蒸汽加热时，蒸汽与冷的混凝土材料接触后放出热量，本身凝结为水。混凝土要求升高的温度越高，凝结水也越多。该部分水应该作为混凝土搅拌用水量的一部分来考虑。

雨期施工期间要勤测粗细骨料的含水量，随时调整用水量和粗细骨料的用量。夏期施工时砂石材料尽可能加以遮盖，至少在使用前不受烈日暴晒，必要时可采用冷水淋洒，使其蒸发散热。冬期施工要防止砂石材料表面冻结，并应清除冰块。

【技能要点 8】泵送混凝土的拌制

泵送混凝土宜采用混凝土搅拌站供应的预拌混凝土，也可在现场设置搅拌站，供应泵送混凝土；但不得采用手工搅拌的混凝土进行泵送。

泵送混凝土的交货检验应在交货地点按国家现行《预拌混凝土》(GB/T 14902—2003)的有关规定，进行交货检验；现场拌制的泵送混凝土供料检验，宜按国家现行标准《预拌混凝土》(GB/T 14902—2003)的有关规定执行。

在寒冷地区冬期拌制泵送混凝土时，除应满足《混凝土泵送施工技术规程》(JGJ/T 10—2011)的规定外，尚应制定冬期施工措施。

【技能要点 9】混凝土搅拌的质量要求

在搅拌工序中,拌制的混凝土拌和物的均匀性应按要求进行检查。在检查混凝土均匀性时,应在搅拌机卸料过程中,从卸料流出的 1/4～3/4 之间部位采取试样。检测结果应符合下列规定:

(1)混凝土中砂浆密度,两次测值的相对误差不应大于 0.8%。

(2)单位体积混凝土中粗骨料含量,两次测值的相对误差不应大于 5%。

混凝土的搅拌时间,每一工作班至少应抽查两次。

混凝土搅拌完毕后,应按下列要求检测混凝土拌和物的各项性能。

(1)混凝土拌和物的稠度,应在搅拌地点和浇筑地点分别取样检测。每工作班不应少于 1 次。评定时应以浇筑地点的为准。

在检测坍落度时,还应观察混凝土拌和物的黏聚性和保水性,全面评定拌和物的和易性。

(2)根据需要,如果应检查混凝土拌和物的其他质量指标时,检测结果也应符合各自的要求,如含气量、水灰比和水泥含量等。

第二节　混凝土运输

【技能要点 1】运输时间

混凝土应以最少的转载次数和最短的时间,从搅拌地点运至浇筑地点。混凝土从搅拌机中卸出后到浇筑完毕的延续时间应符合表 2—8 的要求。

表 2—8　混凝土从搅拌机中卸出到浇筑完毕的延续时间

气温	延续时间(min)			
	采用搅拌车		其他运输设备	
	≤C30	＞C30	≤C30	＞C30
≤25 ℃	120	90	90	75
＞25 ℃	90	60	60	45

注:掺有外加剂或采用快硬水泥时延续时间应通过试验确定。

【技能要点2】运输要求

运输过程中，应保持混凝土的均匀性，避免产生分层离析现象，混凝土运至浇筑地点，应符合浇筑时所规定的坍落度(见表2—9)；运输工作应保证混凝土的浇筑工连续进行；运送混凝土的容器应严密，其内壁应平整光洁，不吚水，不漏浆，黏附的混凝土残渣应经常清除。

表2—9　混凝土浇筑时的坍落度

结构种类	坍落度(mm)
基础或地面等的垫层、无配筋的厚大结构(挡土墙、基础或厚大的块体等)或配筋稀疏的结构	10～30
板、梁和大型及中型截面的柱子等	30～50
配筋密列的结构(薄壁、斗仓、筒仓、细柱等)	50～70
配筋特密的结构	70～90

注：1. 本表系指采用机械振捣的坍落度，采用人工捣实时可适当增大。
2. 需要配制大坍落度混凝土时，应掺用外加剂。
3. 曲面或斜面结构的混凝土，其坍落度值应根据实际需要另行选定。
4. 轻骨料混凝土的坍落度宜比表中数值减少10～20 mm。
5. 自密实混凝土的坍落度另行规定。

【技能要点3】运输工具的选择

(1)地面水平运输。当采用商品混凝土或运距较远时，最好采用混凝土搅拌运输车。该车在运输过程中搅拌筒可缓慢转动进行拌和，防止混凝土的离析。当距离过远时，可事先装入干料，在到达浇筑现场前15～20 min放入搅拌水，边行走边进行搅拌。

混凝土搅拌运输车的使用

(1)搅拌车液压传动系统液压油的压力、油量、油质、油温应达到规定要求，无渗漏现象。

(2)搅拌车在露天停放时，装料前应先将搅拌筒反转，使筒内的积水和杂物排出。

(3)搅拌车在公路上行驶时，接长卸料槽必须翻转后固定在卸料槽上，再转至与车身垂直部位，用销轴与机架固定，防止由于不固定而引起摆动，打伤行人或影响车辆运行。

(4)搅拌车通过桥、洞、库等设施时，应注意通过高度及宽度，以免发生碰撞事故。

(5)搅拌车运送混凝土的时间不得超过搅拌站规定的时间。若中途发现水分蒸发，可适当加水，以保证混凝土质量。搅拌装置连续运转时间不应超过8 h。

(6)运送混凝土途中，搅拌筒不得停转，以防混凝土产生初凝及离析现象。

(7)搅拌筒由正转变为反转时，必须先将操纵手柄放至中间位置，待搅拌筒停转后，再将操纵手柄放至反转位置。

(8)水箱的水量要经常保持装满。以防急用，冬季停车时，要将水箱和供水系统的水放净。

(9)装料前，最好先向筒内加少量水，使进料流畅，并可防止粘料搅拌运输时，装载混凝土的质量不能超过允许载重量。

(10)用于搅拌混凝土时，必须在拌筒内先加入总水量2/3的水，然后再加入骨料和水泥进行搅拌。

如现场搅拌混凝土，可采用载重1 000 kg左右、容量为400 L的小型机动翻斗车或手推车运输。运距较远、运量又较大时可采用皮带运输机或窄轨翻斗车。

机动翻斗车及手推车简介

(1)采用柴油机装配而成的翻斗车，功率为7 355 W，最大行驶速度达35 km/h。车前装有容量为400 L、载重1 000 kg的翻斗。该翻斗车具有轻便灵活、结构简单、转弯半径小、速度快、能自动卸料、操作维护简便等特点，适用于短距离水平运输混凝土以及砂、石等散装材料。

(2)手推车是施工工地上普遍使用的水平运输工具，手推车具有小巧、轻便等特点，不但适用一般的地面水平运输，还能在脚手架、施工栈道上使用；也可与塔式起重机、井架等配合使用，解决垂直运输问题。

(2)垂直运输。可采用塔式起重机、混凝土泵、快速提升斗和井架。

(3)混凝土楼面水平运输。多采用双轮手推车,塔式起重机亦可兼顾楼面水平运输,如用混凝土泵则可采用布料杆布料。

【技能要点4】运输道路

(1)场内输送道路应尽量平坦,以减少运输时的振荡,避免造成混凝土分层离析。

(2)应考虑布置环形回路,施工高峰时宜设专人管理指挥,以免车辆互相拥挤阻塞。

(3)临时架设的桥道要牢固,桥板接头必须平顺。

(4)浇筑基础时,可采用单向输送主道和单向输送支道的布置方式。

(5)浇筑柱子时,可采用来回输送主道和盲肠支道的布置方式。

(6)浇筑楼板时,可采用来回输送主道和单向输送支管道结合的布置方式。

(7)对于大型混凝土工程,还必须加强现场指挥和调度。

【技能要点5】运输质量要求

(1)混凝土运送至浇筑地点,如混凝土拌和物出现离析或分层现象,应对混凝土拌和物进行二次搅拌。

(2)混凝土运至浇筑地点时,应检测其稠度,所测稠度值应符合设计和施工要求。其允许偏差值应符合有关标准的规定。

(3)混凝土拌和物运至浇筑地点时的温度最高不宜超过35 ℃,最低不宜低于5 ℃。

第三节 混凝土浇筑与振捣

【技能要点1】浇筑准备

(1)制定施工方案

根据工程对象、结构特点,结合具体条件,制定混凝土浇筑的施工方案。

(2)机具准备及检查

搅拌机、运输车、料斗、串筒、振动器等机具设备按需要准备充足，并考虑发生故障时的修理时间。重要工程应有备用的搅拌机和振动器。特别是采用泵送混凝土，一定要有备用泵。所用的机具均应在浇筑前进行检查和试运转，同时配有专职技工，随时检修。浇筑前，必须核实一次浇筑完毕或浇筑至某施工缝前的工程材料，以免停工待料。

(3)保证水电原材料的供应

在混凝土浇筑期间，要保证水、电、照明不中断。为了防备临时停水停电，事先应在浇筑地点贮备一定数量的原材料(如砂、石、水泥、水等)和人工拌和捣固用的工具，以防出现意外的施工停歇缝。

(4)掌握天气季节变化情况

加强气象预测预报的联系工作。在混凝土施工阶段应掌握天气的变化情况，特别在雷雨台风季节和寒流突然袭击之际，更应注意，以保证混凝土连续浇筑的顺利进行，确保混凝土质量。

根据工程需要和季节施工特点，应准备好在浇筑过程中所必需的抽水设备和防雨、防暑、防寒等物资。

(5)检查模板、支架、钢筋和预埋件

在浇筑混凝土之前，应检查和控制模板、钢筋、保护层和预埋件等用具的尺寸、规格、数量和位置，其偏差值应符合现行国家标准《混凝土结构工程施工质量验收规范》(GB 50204—2002)的规定。此外，还应检查模板点撑的稳定性以及模板接缝的密合情况。

模板和隐蔽工程项目应分别进行预检和隐蔽验收。符合要求时，方可进行浇筑。检查时应注意以下几点。

(1)模板的标高、位置与构件的截面尺寸是否与设计符合；构件的预留拱度是否正确。

(2)所安装的支架是否稳定；支柱的支撑和模板的固定是否可靠。

(3)模板的紧密程度。

(4)钢筋与预埋件的规格、数量、安装位置及构件接点连接焊缝是否与设计符合。

(5)模板内的垃圾、木片、刨花、锯屑、泥土和钢筋上的油污、鳞落的铁皮等杂物应清除干净。

(6)木模板应浇水加以润湿,但不允许留有积水。湿润后,木模板中尚未胀密的缝隙应贴严,以防漏浆。

(7)金属模板中的缝隙和孔洞也应予以封闭。

(8)检查安全设施、劳动配备是否妥当,能否满足浇筑速度的要求。

(9)在地基或基土上浇筑混凝土,应清除淤泥和杂物,并应有排水和防水措施。

(10)对干燥的非黏性土,应用水湿润;对未风化的岩石,应用水清洗,但其表面不得留有积水。

【技能要点 2】浇筑厚度

混凝土浇筑层的厚度,应符合表 2—10 的规定。

表 2—10　混凝土浇筑层厚度(单位:mm)

<table>
<tr><th colspan="2">捣实混凝土的方法</th><th>浇筑层的厚度</th></tr>
<tr><td colspan="2">插入式振捣</td><td>振动器作用部分长度的 1.25 倍</td></tr>
<tr><td colspan="2">表面振动</td><td>200</td></tr>
<tr><td rowspan="3">人工捣固</td><td>在基础、无筋混凝土或配筋稀疏的结构中</td><td>250</td></tr>
<tr><td>在梁、墙板、柱结构中</td><td>200</td></tr>
<tr><td>在配筋密列的结构中</td><td>150</td></tr>
<tr><td rowspan="2">轻骨料混凝土</td><td>插入式振捣</td><td>300</td></tr>
<tr><td>表面振动(振动时必须加荷)</td><td>200</td></tr>
</table>

【技能要点 3】浇筑时间要求

一般情况下混凝土运输、浇筑及间歇的全部时间不得超过表

2—11的规定，当超过时应留置施工缝。在浇筑与柱和墙连成整体的梁和板时，应在柱和墙浇筑完毕后停歇1～1.5 h，然后再继续浇筑；梁和板宜同时浇筑混凝土；拱和高度大于1 m的梁等结构，可单独浇筑混凝土。在混凝土浇筑过程中，应经常观察模板、支架、钢筋、预埋件和预留孔洞的情况，当发现有变形、移位时，应及时采取措施进行处理。

表2—11　混凝土运输、浇筑和间歇的时间（单位：min）

混凝土强度等级	气温	
	不高于25 ℃	高于25 ℃
不高于C30	210	180
高于C30	180	150

【技能要点4】浇筑要点

(1)在浇筑工序中，应控制混凝土的均匀性和密实性。混凝土拌和物运至浇筑地点后，应立即浇筑入模。在浇筑过程中，如发现混凝土拌和物的均匀性和稠度发生较大的变化，应及时处理。

(2)浇筑混凝土时，应注意防止混凝土的分层离析。混凝土由料斗、漏斗内卸出进行浇筑时，其自由倾落高度一般不宜超过2 m，在竖向结构中浇筑混凝土的高度不得超过3 m，否则应采用串筒、斜槽、溜管等下料。

(3)在浇筑竖向结构混凝土前，应先在底部填以50～100 mm厚与混凝土内砂浆成分相同的水泥砂浆；浇筑中不得发生离析现象；当浇筑高度超过3 m时，应采用串筒、溜管或振动溜管使混凝土下落。

(4)钢筋混凝土框架结构中，梁、板、柱等构件是沿垂直方向重复出现的，所以一般按结构层次来分层施工。平面上，如果面积较大，还应考虑分段进行，以便混凝土、钢筋、模板等工序能相互配合、流水进行。

(5)在每一施工层中，应先浇灌柱或墙。在每一施工段中的柱或墙应该连续浇灌到顶，每一排的柱子由外向内对称顺序进行，防止由一端向另一端推进，致使柱子模板逐渐受推倾斜。柱子浇筑完毕后，应停歇 1～2 h，使混凝土获得初步沉实，待有了一定强度以后，再浇筑梁板混凝土。梁和板应同时浇筑混凝土，只有当梁高 1 m 以上时，为了施工方便，才可以单独先行浇筑。

(6)浇筑混凝土应连续进行。当必须间歇时，其间歇时间宜缩短，并应在前层混凝土凝结之前，将次层混凝土浇筑完毕。

(7)混凝土在浇筑及静置过程中，应采取措施防止产生裂缝。混凝土因沉降及干缩产生的非结构性的表面裂缝，应在混凝土终凝前予以修整。在浇筑与柱和墙连成整体的梁和板时，应在柱和墙浇筑完毕后停歇 1～1.5 h，使混凝土获得初步沉实后，再继续浇筑，以防止接缝处出现裂缝。

(8)梁和板应同时浇筑混凝土。较大尺寸的梁(梁的高度大于 1 m)、拱和类似的结构可单独浇筑，但施工缝的设置应符合有关规定。

【技能要点 5】混凝土的振捣

(1)每一振点的振捣延续时间，应使混凝土表面呈现浮浆和不再沉落为宜。

(2)当采用插入式振动器时，捣实普通混凝土的移动间距，不宜大于振动器作用半径的 1.5 倍，如图 2—7 所示。捣实轻骨料混凝土的移动间距，不宜大于其作用半径；振动器与模板的距离，不应小于其作用半径的 0.5 倍，并应避免碰撞钢筋、模板、预埋件等；振动器插入下层混凝土内的深度应不小于 50 mm。一般每点振捣时间为 20～30 s，使用高频振动器时，最短不应少于 10 s，应使混凝土表面成水平不再显著下沉，不再出现气泡，表面泛出灰浆为准。振动器插点要均匀排列，可采用“行列式”或“交错式”的次序移动，不应混用，以免造成混乱而发生漏振。

(3)采用表面振动器时，在每一位置上应连续振动一定时间，正常情况下为 25～40 s，但以混凝土面均匀出现浆液为准，移动时应成排依次振动前进，前后位置和排与排间相互搭接应有 30～50 mm，防止漏振。振动倾斜混凝土表面时，应由低处逐渐向高处移

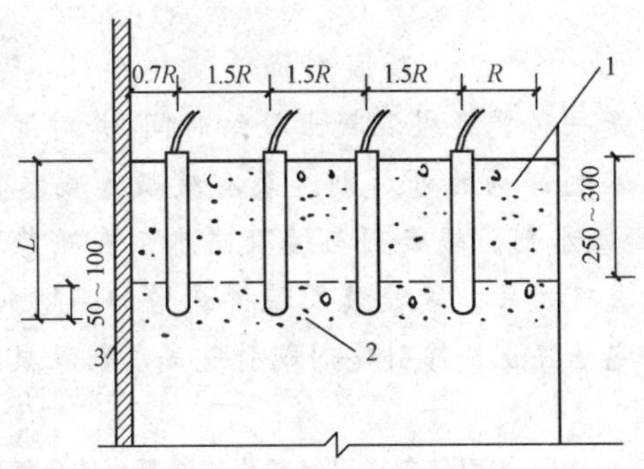

图 2—7　插入式振动器的插入深度（单位：mm）

1—新浇筑的混凝土；2—下层已振捣但尚未初凝的混凝土；

3—模板

动，以保证混凝土振实。表面振动器的有效作用深度，在无筋及单筋平板中为 200 mm，在双筋平板中约为 120 mm。

(4)采用外部振动器时，振动时间和有效作用随结构形状、模板坚固程度、混凝土坍落度及振动器功率大小等各项因素而定。一般每隔 1～1.5 m 的距离设置一个振动器。当混凝土成一水平面不再出现气泡时，可停止振动。必要时应通过试验确定振动时间。待混凝土入模后方可开动振动器。混凝土浇筑高度要高于振动器安装部位。当钢筋较密和构件断面较深或较窄时，亦可采取边浇筑边振动的方法。外部振动器的振动作用深度在 250 mm 左右，如构件尺寸较厚时，需在构件两侧安设振动器同时进行振捣。

第四节　混凝土养护与拆模

【技能要点 1】混凝土养护

(1)应在浇筑完毕后的 2 h 以内对混凝土加以覆盖并保湿养护。

(2)混凝土浇水养护的时间：对采用硅酸盐水泥、普通硅酸盐水泥或矿渣硅酸盐水泥拌制的混凝土，不得少于 7 d；对掺用缓凝型外加剂或有抗渗要求的混凝土，不得少于 14 d。

缓凝剂简介

缓凝剂是一种能延缓混凝土凝结时间，并对混凝土后期强度发展没有不利影响的外加剂。兼有缓凝和减水作用的外加剂，称为缓凝减水剂。缓凝剂与缓凝减水剂在净浆及混凝土中均有不同的缓凝效果。缓凝效果随掺量增加而增加，超掺会引起水泥水化完全停止。掺引气剂或引气减水剂混凝土的含气量见表 2—12。

表 2—12　掺引气剂或引气减水剂混凝土的含气量

粗骨料最大粒径（mm）	混凝土的含气量（%）	粗骨料最大粒径（mm）	混凝土的含气量（%）
10	7.0	40	4.5
15	6.0	50	4.0
20	5.5	80	3.5
25	5.0	100	3.0

随着气温升高，羧基羧酸及其盐类的缓凝效果明显降低，而在气温降低时，缓凝时间会延长，早期强度降低也更加明显。羧基羧酸盐缓凝剂会增大混凝土的泌水，尤其会使大水灰比低水泥用量的贫混凝土产生离析。

各种缓凝剂和缓凝减水剂主要是延缓、抑制 C_3A 矿物和 C_3S 矿物成分的水化，对 C_2S 影响相对小得多，因此不影响对水泥浆的后期水化和长龄期强度增长。

缓凝剂分为有机物和无机物两大类。许多有机缓凝剂兼有减水、塑化作用，两类性能不可能截然分开。

缓凝剂按材料成分可分为：

1）糖类及碳水化合物：葡萄糖、糖蜜、蔗糖、己糖酸钙等。

2）多元醇及其衍生物，如多元醇、胺类衍生物、纤维素、纤维素醚。

3)羧基羧酸类：酒石酸、乳酸、柠檬酸、酒石酸钾钠、水杨酸、醋酸等。

4)木质素磺酸盐类：有较强减水增强作用，而缓凝性能较温和，故一般列入普通减水剂。

5)无机盐类：硼酸盐、磷酸盐、氟硅酸钠、亚硫酸钠、硫酸亚铁、锌盐等。

缓凝减水剂主要有糖蜜减水剂、低聚糖减水剂等。缓凝剂及缓凝减水剂的品种及其掺量，应根据混凝土的凝结时间、运输距离、停放时间、强度等要求来确定。常用掺量可按表2—13的规定采用，也可参照有关产品说明书。

缓凝剂及缓凝减水剂，应以溶液形式掺加，使用时加入拌和水中，溶液中的水量应从拌和水量中扣除。难溶或不溶物较多的缓凝剂和缓凝减水剂，使用时必须充分搅拌均匀。

表2—13 缓凝剂及缓凝减水剂常用掺量

类别	掺量（占水泥重量%）	类别	掺量（占水泥重量%）
糖类	0.1～0.3	羧基羧酸盐类	0.03～0.1
木质素磺酸盐类	0.2～0.3	无机盐类	0.1～0.2

缓凝剂和缓凝减水剂，可以与其他外加剂复合使用，配制溶液时，如产生絮凝或沉淀等现象，应分别配制溶液并分别加入搅拌机内。

(3)浇水次数应能保持混凝土处于湿润状态；混凝土养护用水应与拌制用水相同。

(4)采用塑料布覆盖养护的混凝土，其敞露的全部表面应覆盖严密，并应保持塑料布内有凝结水。

(5)混凝土强艘达到1.2 N/mm^{2}前，不得在其上踩踏或安装模板及支架同时，应注意以下几点。

1)当日平均气温低于5 ℃时,不得浇水。

2)当采用其他品种水泥时,混凝土的养护时间应根据所采用水泥的技术性能确定。

3)混凝土表面不便浇水或使用塑料布时,宜涂刷养护剂。

4)对大体积混凝土的养护,应根据气候条件按施工技术方案采取控温措施。

【技能要点2】混凝土拆模

(1)现浇混凝土结构拆模条件

对于整体式结构的拆模期限,应遵守以下规定:

1)非承重的侧面模板,在混凝土强度能保证其表面及棱角不因拆除模板而损坏时,方可拆除。

2)底模板在混凝土强度达到设计规定后,始能拆除。

3)已拆除模板及其支架的结构,应在混凝土达到设计强度后,才允许承受全部计算荷载。施工中不得超载使用已拆除模板的结构,严禁堆放过量建筑材料。当承受施工荷载大于计算荷载时,必须经过核算加设临时支撑。

4)钢筋混凝土结构如在混凝土未达到规定的强度时进行拆模及承受部分荷载,应经过计算复核结构在实际荷载作用下的强度。

5)多层框架结构当需拆除下层结构的模板和支架,而其混凝土强度尚不能承受上层模板和支架所传来的荷载时,则上层结构的模板应选用减轻荷载的结构(如悬吊式模板、桁架支模等),但必须考虑其支撑部分的强度和刚度;或对下层结构另设支柱(或称再支撑)后,才可安装上层结构的模板。

(2)预制构件拆模条件

预制构件的拆模强度,当设计无明确要求时,应遵守下列规定:

1)拆除侧面模板时,混凝土强度能保证构件不变形、棱角完整和无裂缝时方可拆除。

2)承重底模时应符合表2—14的规定。

表 2—14　预制构件拆模时所需的混凝土强度

预制构件的类别	按设计的混凝土强度标准值的百分率计(%)	
	拆侧模板	拆底模板
普通梁、跨度在 4 m 及 4 m 以内分节脱模	25	50
普通薄腹梁、吊车梁、T 形梁、厂形梁、柱、跨度在 4 m 以上	40	75
先张法预应力屋架、屋面板、吊车梁等	50	建立预应力后
先张法各类预应力薄板重叠浇筑	25	建立预应力后
后张法预应力块体竖立浇筑	40	75
后张法预应力块体平卧重叠浇筑	25	75

3)拆除空心板的芯模或预留孔洞的内模时,在能保证表面不发生塌陷和裂缝时方可拆模,并应避免较大的振动或碰伤孔壁。

(3)滑升模板拆除条件

1)按轴线分段整体拆除的方法。总的原则是先拆外墙(柱)模板(提升架、外挑架、外吊架一同整体拆下);后拆内墙(柱)模板。模板拆除程序为:将外墙(柱)提升架向建筑物内侧拉牢→外吊架挂好溜绳→松开围圈连接件→挂好起重吊绳,并稍稍绷紧→松开模板拉牢绳索→割断支撑杆模板吊起缓慢落下→牵引溜绳使模板系统整体躺倒地面→模板系统解体。

此种方法模板吊点必须找准确,钢丝绳垂直线应接近模板段重心,钢丝绳绷紧时,其拉力接近并稍小于模板段总重。

2)若条件不允许时,模板必须高空解体散拆。高空作业危险性较大,除在操作层下方设置卧式安全网防护,危险作业人员系好安全带外,必须编制好详细、可行的施工方案。一般情况下,模板系统解体前,拆除提升系统及操作平台系统的方法与分段整体拆除相同,模板系统解体散拆的施工程序为:拆除外吊架脚手板、护身栏(自外墙无门窗洞口处开始,向后倒退拆除)→拆除外吊架吊杆及外挑架→拆除内固定平台→拆除外墙(柱)模板→拆除外墙

(柱)围圈→拆除外墙(柱)提升架→将外墙(柱)千斤顶从支撑杆上端抽出→拆除内墙模板→拆除一个轴线段围圈,相应拆除一个轴线段提升架→千斤顶从支撑杆上端抽出。

高空解体散拆模板必须掌握的原则是:在模板解体散拆的过程中,必须保证模板系统的总体稳定和局部稳定,防止模板系统整体或局部倾倒坍落。因此,制定方案、技术交底和实施过程中,务必有专责人员统一组织、指挥。

3)高层建筑滑模设备的拆除一般应做好下述几项工作:

①根据操作平台的结构特点,制定其拆除方案和拆除顺序。

②认真核实所吊运件的重量和起重机在不同起吊半径内的起重能力。

③在施工区域,画出安全警戒区,其范围应视建筑物高度及周围具体情况而定。禁区边缘应设置明显的安全标志,并配备警戒人员。

④建立可靠的通信指挥系统。

⑤拆除外围设备时必须系好安全带,并有专人监护。

⑥使用氧气和乙炔设备应有安全防火措施。

⑦施工期间应密切注意气候变化情况,及时采取预防措施。

⑧拆除工作一般不宜在夜间进行。

(4)拆模程序

1)模板拆除一般是先支的后拆,后支的先拆,先拆非承重部位,后拆承重部位,并做到不损伤构件或模板。

2)肋形楼盖应先拆柱模板,再拆楼板底模,梁侧模板,最后拆梁底模板。拆除跨度较大的梁下支柱时,应先从跨中开始分别拆向两端。侧立模的拆除应按自上而下的原则进行。

3)工具式支模的梁、板模板的拆除,应先拆卡具,顺口方木、侧板,再松动木楔,使支柱、桁架等平稳下降,逐段抽出底模板和横档木,最后取下桁架、支柱、托具。

4)多层楼板模板支柱的拆除;当上层模板正在浇筑混凝土时,下一层楼板的支柱不得拆除,再下一层楼板支柱,仅可拆除一部分;跨度4 m及4 m以上的梁,均应保留支柱,其间距不得大于3 m;其余再下一层楼的模板支柱,当楼板混凝土达到设计强度时,始可全部拆除。

(5)拆模过程中应注意的问题

1)拆除时不要用力过猛、过急,拆下来的木料应整理好及时运走,做到"活完地清"。

2)在拆除模板过程中,如发现混凝土有影响结构安全的质量问题时,应暂停拆除。经处理后,方可继续拆除。

3)拆除跨度较大的梁下支柱时,应先从跨中开始,分别拆向两端。

4)多层楼板模板支柱的拆除,其上层楼板正在浇灌混凝土时,下一层楼板模板的支柱不得拆除,再下一层楼板的支柱,仅可拆除一部分。

5)拆模间歇时,应将已活动的模板、牵杆、支撑等运走或妥善堆放,防止因扶空、踏空而坠落。

6)模板上有预留孔洞者,应在安装后将洞口盖好。混凝土板上的预留孔洞,应在模板拆除后随即将洞口盖好。

7)模板上架设的电线和使用的电动工具,应用36 V的低压电源或采用其他有效的安全措施。

8)拆除模板一般用长撬棍。施工人员不许站在正在拆除的模板下。在拆除模板时,要防止整块模板掉下,拆模人员要站在门窗洞口外拉支撑,防止模板突然全部掉落伤人。

9)高空拆模时,应有专人指挥,并在下面标明工作区,暂停人员过往。

10)定型模板要加强保护,拆除后即清理干净,堆放整齐,以利再用。

11)已拆除模板及其支架结构,应在混凝土强度达到设计强度等级后,才允许承受全部计算荷载。当承受施工荷载大于计算荷载时,必须经过核算,加设临时支撑。

混凝土结构浇筑后,达到一个强度方可拆模。模板拆卸日期,

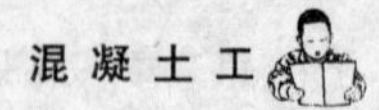

应按结构特点和混凝土所达到的强度来确定。

第五节 施工缝的处理

【技能要点1】施工缝留设

(1)柱的施工缝留在基础的顶面、梁或吊车梁牛腿的下面或吊车梁的上面、无梁楼板柱帽的下面,如图2—8所示;在框架结构中,如梁的负筋弯入柱内,则施工缝可留在这些钢筋的下端。

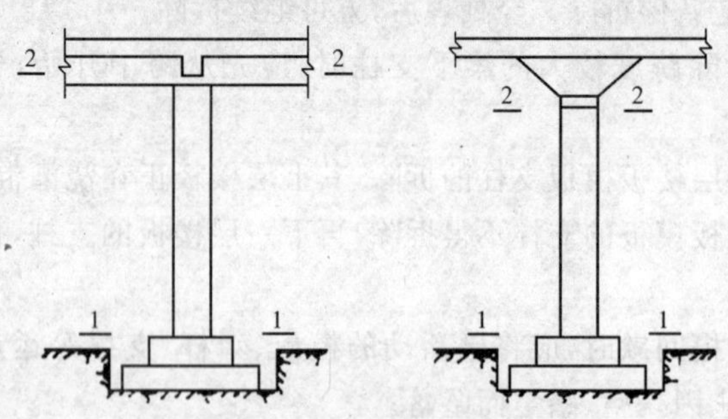

图2—8 柱子施工缝位置

1-1,2-2—施工缝位置

(2)梁板、肋形楼板:

1)与板连成整体的大截面梁,留在板底面以下20～30 mm处;当板下有梁托时,留在梁托下部。单向板可留置在平行于板的短边的任何位置(但为方便施工缝的处理,一般留在跨中1/3跨度范围内)。

2)有主、次梁的肋形楼板,宜顺着次梁方向浇筑,施工缝底留置在次梁跨度中间1/3范围内,如图2—9所示。无负弯矩钢筋与之相交叉的部位。

(3)墙施工缝宜留置在门洞口过梁跨中1/3范围内,也可留在纵横墙的交接处。

(4)楼梯、圈梁:

1)楼梯施工缝留设在楼梯段跨中1/3跨度范围内无负弯矩筋的部位。

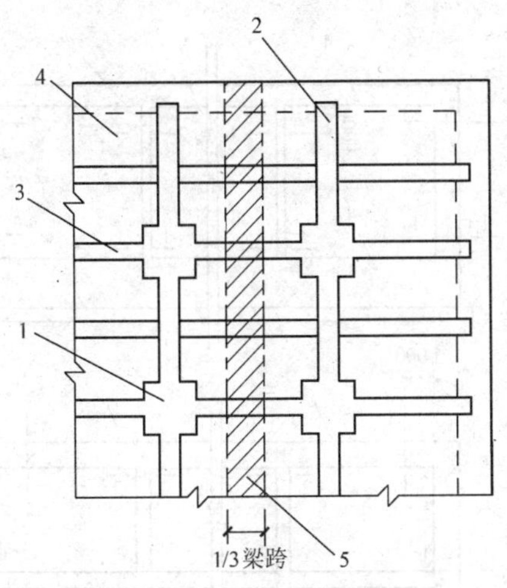

图 2—9　有主次梁楼板施工缝留置

1—柱；2—主梁；3—次梁；4—楼板；5—按此方向浇筑混凝土，可留施工缝范围

2)圈梁施工缝留在非砖墙交接处、墙角、墙垛及门窗洞范围内。

(5)箱形基础：箱形基础的底板、顶板与外墙的水平施工缝应设在底板顶面以上及顶板底面以下 300～500 mm 为宜，接缝宜设钢板、橡胶止水带或凸形企口缝；底板与内墙的施工缝可设在底板与内墙交接处；而顶板与内墙的施工缝，位置应视剪力墙插筋的长短而定，一般 1 000 mm 以内即可；箱形基础外墙垂直施工可设在离转角 1 000 mm 处，采取相对称的两块墙体一次浇筑施工，间隔为 5～7 d，待收缩基本稳定后，再浇另一相对称墙体。内隔墙可在内墙与外墙交接处留施工缝，一次浇筑完成，内墙本身一般不再留垂直施工缝，如图 2—10 所示。

(6)地坑、水池：底板与立壁施工缝，可留在立壁上距坑(池)底板混凝土面上部 200～500 mm 的范围内，转角宜做成圆角或折线形；顶板与立壁施工缝留在板下部 20～30 mm 处，如图 2—11(a)所示；大型水池可从底板、池壁到顶板在中部留设后浇带，使之形成环状，如图 2—11(b)所示。

(7)地下室、地沟：

1)地下室梁板与基础连接处，外墙底板以上和上部梁、板下部

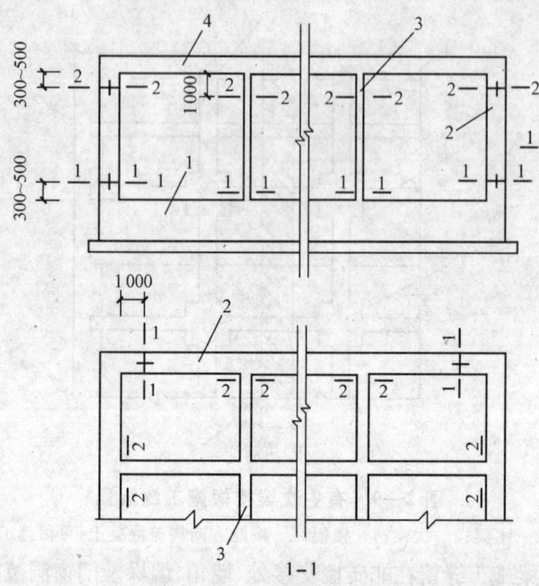

图 2—10　箱形基础施工缝的留置

1—底板；2—外墙；3—内隔墙；4—顶板；

1-1，2-2—施工缝位置

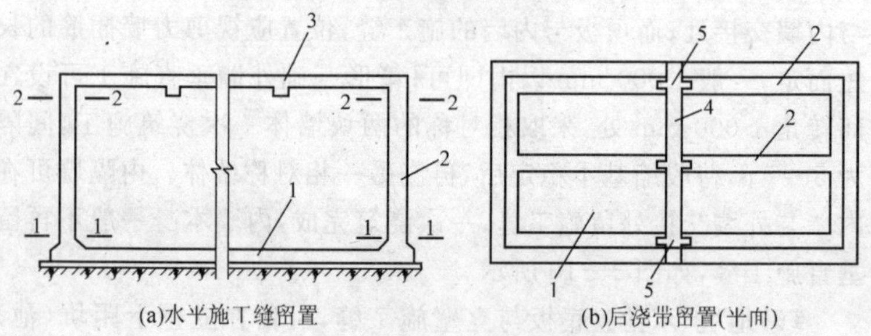

(a)水平施工缝留置
(b)后浇带留置(平面)

图 2—11　地坑、水池施工缝的留置

1—底板；2—墙壁；3—顶板；4—底板后浇带；5—墙壁后浇带；

1-1，2-2—施工缝位置

20～30 mm 处可留水平施工缝，如图 2—12(a)所示，大型地下室可在中部留环状后浇缝。

2)较深基础悬出的地沟，可在基础与地沟、楼梯间交接处留垂直施工缝，如图 2—12(b)所示；很深的薄壁槽坑，可每 4～5 m 留设一道水平施工缝。

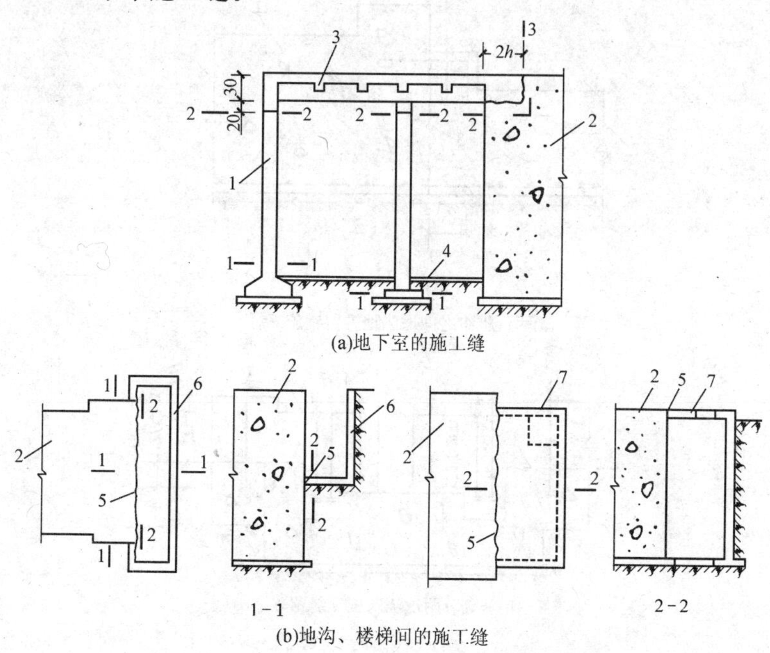

(a)地下室的施工缝

(b)地沟、楼梯间的施工缝

图 2—12　地下室、地沟、楼梯间施工缝的留置（单位：mm）

1—地下室墙；2—设备基础；3—地下室梁板；4—底板或地坪；5—施工缝；6—地沟；7—楼梯间；1-1，2-2—施工缝位置

(8)大型设备基础：

1)受动力作用的设备基础互不相依的设备与机组之间、输送辊道与主基础之间可留垂直施工缝，但与地脚螺栓中心线间的距离不得小于 250 mm，且不得小于螺栓直径的 5 倍，如图 2—13(a)所示。

2)水平施工缝可留在低于地脚螺栓底端，其与地脚螺栓底端的距离应大于 150 mm；当地脚螺栓直径小于 30 mm 时，水平施工缝可留置在不小于地脚螺栓埋入混凝土部分总长度的 3/4 处，如图 2—13(b)所示；水平施工缝亦可留置在基础底板与上部块体或沟槽交界处，如图 2—13(c)所示。

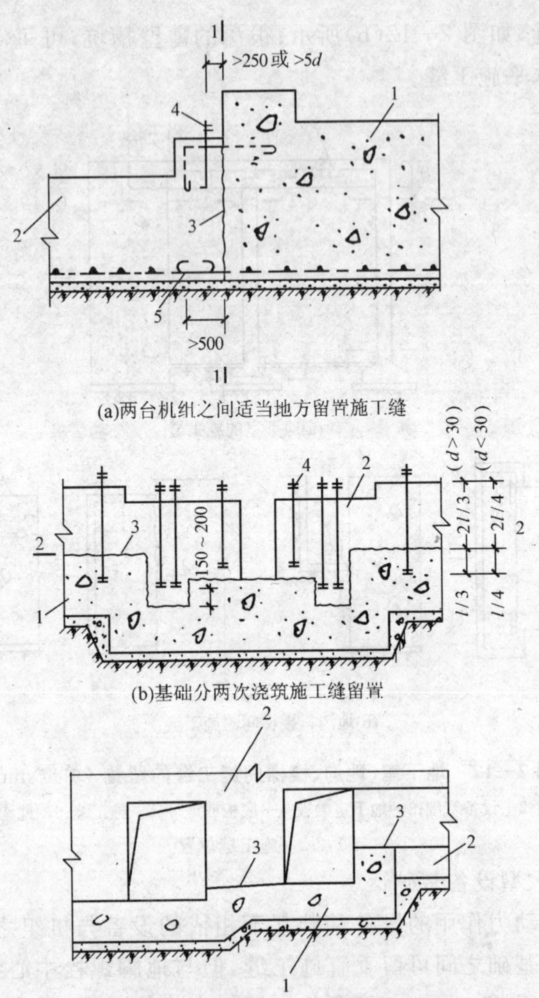

(a)两台机组之间适当地方留置施工缝

(b)基础分两次浇筑施工缝留置

(c)基础底板与上部地体、沟槽施工缝留置

图 2—13 设备基础施工缝的留置

1—第一次浇筑混凝土；2—第二次浇筑混凝土；3—施工缝；4—地脚螺栓；5—钢筋；
d—地脚螺栓直径；l—地脚螺栓埋入混凝土长度

3)对受动力作用的重型设备基础不允许留施工缝时，可在主基础与辅助设备基础、沟道、辊道之间，受力较小部位留设后浇缝，如图 2—14 所示。

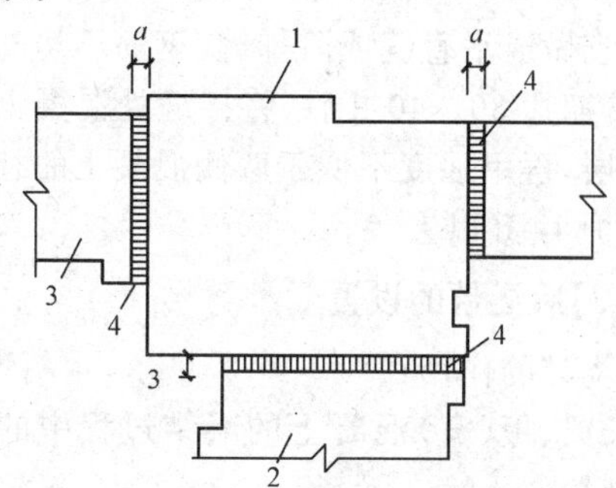

图 2—14　后浇缝留置

1—主体基础；2—辅助基础；3—辊道或沟道；4—后浇缝

【技能要点 2】施工缝的处理

(1)所有水平施工缝应保持水平，并做成毛面，垂直缝处应支模浇筑；施工缝处的钢筋均应留出，不得切断。为防止在混凝土或钢筋混凝土内产生沿构件纵轴线方向错动的剪力，柱、梁施工缝的表面应垂直于构件的轴线；板的施工缝应与其表面垂直；梁、板亦可留企口缝，但企口缝不得留斜槎。

(2)在施工缝处继续浇筑混凝土时，已浇筑的混凝土抗压强度应大于或等于 1.2 N/mm^2，首先应清除硬化的混凝土表面上的水泥薄膜和松动石子以及软混凝土层，并加以充分湿润和冲洗干净，同时不能积水；然后在施工缝处铺一层水泥浆或与混凝土内成分相同的水泥砂浆；浇筑混凝土时，应细致捣实，使新旧混凝土紧密结合。

(3)承受动力作用的设备基础的施工缝，在水平施工缝上继续浇筑混凝土前，应对地脚螺栓进行一次观测校准；标高不同的两个水平施工缝，其高低结合处应留成台阶形，台阶的高宽比不得大于1.0；垂直施工缝应加插钢筋，其直径为 12～16 mm，长度为 500～600 mm，间距为 500 mm，在台阶式施工缝的垂直面上也应补插钢筋；施工缝的混凝土表面应凿毛，在继续浇筑混凝土前，应用水冲洗干净，湿润后在表面上抹 10～15 mm 厚与混凝土内成分相同的一层水泥砂浆,继续浇筑混凝土时该处应仔细捣实。

(4)后浇缝宜做成平直缝或阶梯缝,钢筋不切断。后浇缝应在其两侧混凝土龄期达 30~40 d 后,将接缝处混凝土凿毛、洗净、湿润、刷水泥浆一层,再用强度不低于两侧混凝土的补偿收缩混凝土浇筑密实,并养护 14 d 以上。

【技能要点 3】后浇带的设置

(1)设置后浇带的作用:

1)预防超长梁、板(宽)混凝土的凝结过程中的收缩应力对混凝土产生收缩裂缝。

2)减少结构施工初期地基不均沉降对强度还未完成增长的混凝土结构的破坏。

(2)后浇带的位置是由设计确定的,后浇带处梁板的钢筋加强应按设计要求,后浇带的位置和宽度应严格按施工图要求留设。

(3)后浇带混凝土的浇筑时间,是在 1~2 个月以后或主体施工完成后。这时,混凝土的强度增长和收缩已基本完成,地基的压缩变形也已基本完成。

(4)后浇带处混凝土施工的基本要求。

1)后浇带处两侧应按施工缝处理。

2)应采用补偿收缩性混凝土(如 UEA 混凝土,UEA 的掺量应按设计要求),后浇带处的混凝土应分层精心振捣密实。如在地下室施工中,底板和外侧墙体的混凝土中,应按设计在后浇带的两侧加强防水处理。

第三章　混凝土工程施工

第一节　普通结构混凝土工程施工

【技能要点1】混凝土基础施工

(1)独立基础的浇筑

常见的独立基础有桩基承台、柱基础小型设备基础等。按形状分台阶式基础和杯形基础,其浇筑工艺基本相同。

独立基础浇筑的操作工艺顺序为:浇筑前的准备工作→混凝土的灌注→振捣→基础表面的修整→混凝土的养护→模板的拆除。

1)浇筑前的准备工作

①浇筑前,必须对模板安装的几何尺寸、标高、轴线位置进行检查,是否与设计相一致。

②检查模板及支撑的牢固程度,严禁边加固边浇筑。模板拼接的缝隙是否漏浆。

③基础底部钢筋网片下的保护层垫块应铺垫正确,对于有垫层的钢筋保持层为35 mm,无垫层的保护层厚度为70 mm。

④清除模板内的木屑、泥土等杂物,混凝土垫层表面要清洗干净,不留积水。本模板应浇水充分湿润。

⑤基础周围做好排水准备工作,防止施工水、雨水流入基坑或冲刷新浇筑的混凝土。

2)操作技巧

①对只配置钢筋网片的基础,可先浇筑保护层厚度的混凝土,再铺钢筋网片。这样保证底部混凝土保护层的厚度,防止地下水腐蚀钢筋网,提高耐久性。在铺完钢筋网的同时,应立即浇筑上层混凝土,并加强振捣,保证上下层混凝土紧密结合。

②当基础钢筋网片或柱钢筋相连时,应采用拉杆固定性的钢

筋，避免位移和倾斜，保证柱筋的保护层厚度。

③浇筑次序为先浇钢筋网片底部，再浇边角；每层厚度视振捣工具而定。同时应注意各种预埋件和杯形基础或设备基础预埋螺栓模板底的标高，以便于安装模板或预埋件。

④继续浇筑时应先浇筑模板或预埋件周边的混凝土，使它们定位后再浇筑其他区域。

⑤如为台阶式基础，浇筑时注意阴角位的饱满，如图 3—1 所示，先在分级模板两侧将混凝土浇筑成坡状，然后再振捣至平正。

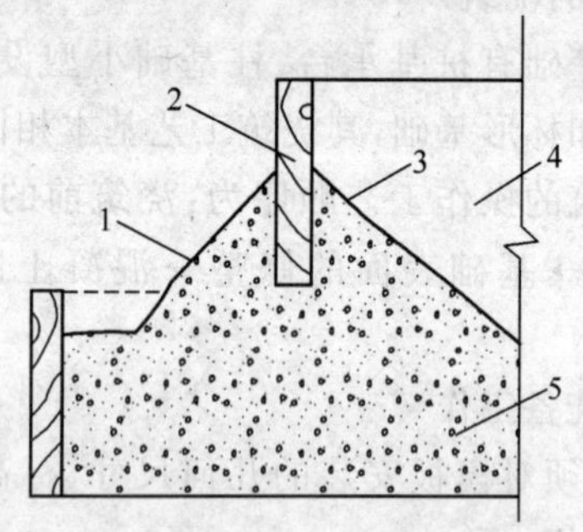

图 3—1　台阶式基础浇筑方法

1—外坡；2—模板；3—内坡；4—后浇混凝土；5—已浇混凝土

⑥如为杯形基础或有预埋螺栓模板的设备基础，为防止杯底或螺栓模板底出现空鼓，可在杯底或螺栓模板预钻出排气孔，如图 3—2 所示。

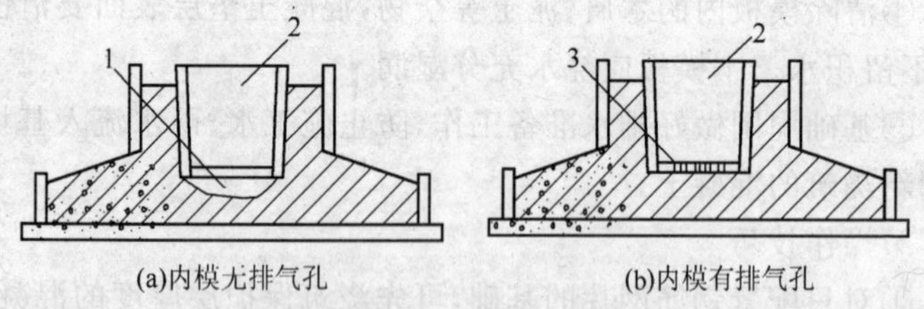

图 3—2　杯形基础的内模装置

1—杯底有空鼓；2—内模；3—排气孔

⑦前条所述预留模板安装固定好后。布料时应先在模板外对称布料。把模板位检查一次，方可继续在其他部位浇筑。为防止

预留模板被位移、挤斜、浮起、振捣时应小心操作，避免过振。

⑧杯口及预留孔模板在初凝后可稍为抽松，但仍应保留在原位，避免意外坍落，待至达到拆模强度时，全部拆除。

⑨整个布料和捣固过程，应防止离析。

3)混凝土的灌注

①深度小于 2 m 的基坑，在基坑上铺脚手板并放置铁皮拌盘，运输来的混凝土料先卸在拌盘上，用铁锹采用“带浆法”向模板内灌注，当灌注至基础表面时则应反锹下料。

②深度大于 2 m 的基坑，从边角开始采用串筒或溜槽向中间灌注混凝土，按基础台阶分层灌注，分层厚度为 25～30 cm。每层混凝土要一次卸足，振捣完毕后，再进行第二层混凝土的灌注。

4)混凝土的振捣

①基础的振捣应采用插入式振捣器以行列式进行插点振捣。每个插点振捣时间控制在 20～30 s，以混凝土表面泛浆，无气泡为准。边角等不易振捣密实处，可用插扦配台捣实。

插入式振动器操作要点

(1)插入式振动器在使用前，应检查各部件是否完好，各连接处是否紧固，电动机绝缘是否良好，电源电压和频率是否符合铭牌规定，检查合格后，方可接通电源进行试运转。

(2)振动器的电动机旋转时，若软轴不转，振动棒不起振，系电动机旋转方向不对，可调换任意两相电源线即可；若软轴转动，振动棒不起振，可摇晃棒头或将棒头磕地面，即可起振。当试运转正常后，方可投入作业。

(3)作业时，要使振动棒自然沉入混凝土，不可用力猛往下推。一般应垂直插入，并插到下层尚未初凝层中 50～100 mm，以促使上下层相互结合。

(4)振捣时，要做到“快插慢拔”。“快插”是为了防止将表层混凝土先振实和下层混凝土之间发生分层漓析现象；“慢拔”是为了使混凝土能来得及填满振动棒抽出时所形成的空间。

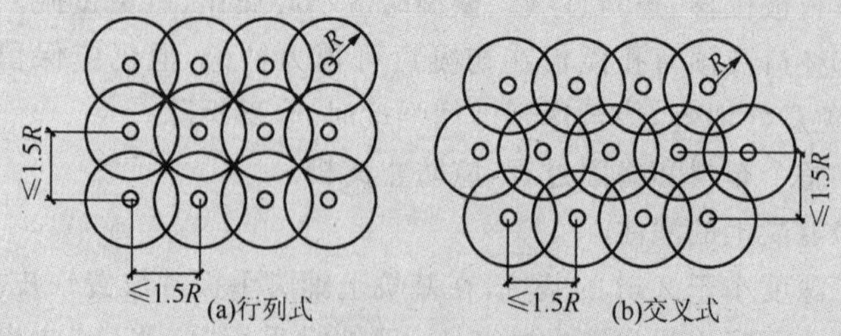

图 3—3　振动棒插入及移动位置示意

(5)振动棒插入混凝土的位置应均匀排列，一般可采用“行列式”或“交叉式”移动，如图 3—3 所示，以防漏振。振动棒每次移动距离不应大于其作用半径的 1.5 倍(一般为 15 cm 左右)。

(6)振动棒在混凝土内振密的时间，一般在每个插点振密 20～30 s，见到混凝土不再显著下沉，不再出现气泡，表面泛出水泥浆和外观均匀为止。如振密时间过长，有效作用半径虽然能适当增加，但总的生产率反而降低，而且还可能使振动棒附近混凝土产生离析，这对塑性混凝土更为重要。此外，振动棒下部振幅要比上部大，故在振密时，应将振动棒上下抽动 5～10 cm，使混凝土振密均匀。

(7)作业中要避免将振动棒触及钢筋、芯管及预埋件等，更不可采用通过振动棒振动钢筋的方法来促使混凝土振密，否则就会因振动而使钢筋位置变动，还会降低钢筋和混凝土之间的黏结力，甚至会发生相互脱离，这对预应力钢筋影响更大。

(8)作业时，振动捧插入混凝土的深度不应超过棒长的 2/3～3/4。否则振动棒将不易拔出而导致软管损坏；更不可将软管插入混凝土中，以防砂浆侵蚀及渗入软管而损坏机件。

(9)振动棒在使用中如温度过高，应即停机冷却检查，如机件故障，要及时进行修理。冬季低温下，振动棒作业前要采取缓慢加温，使棒体内的润滑油解冻后，方可作业。

②对于锥式杯形基础，浇筑到斜坡处时，一般在混凝土平下阶模板上口后，再继续浇捣上一台阶混凝土；以下阶模板的上口和上

阶模板的下口为准，用大铲收成斜坡状，不足部分可随时补加混凝土并拍实、抹平，使之符合设计要求。

③在浇筑台阶式杯形基础时，应防止"吊脚"（上层台阶与下层台阶混凝土脱空）现象发生在台阶交角处。

5)基础表面的修整

①浇筑完毕后，要对混凝土表面进行铲填，拍平等修整工作，使之符合设计要求。

②铲填工作由低处向高处进行，铲岛填低。对于低洼和不足模板尺寸部分应补加混凝土填平、拍实，斜坡坡面不平处应加以修整。

③基础表面压光时随拍随抹，局部砂浆不足时应补浆收光。斜坡面收光，应从高处向低处进行。

④混凝土在初凝后至终凝前，及时清理铲除、修整杯芯模板内多余的混凝土。

⑤杯形基础模板拆除后，对其外观出现的蜂窝、麻面汛洞和露筋等缺陷，应根据其修补方案及时进行修补。

(2)条形基础的浇筑

条形基础一般为墙壁等围护结构的基础，四周连通或与内部横墙相连，通常利用地槽土壁为两侧模板。条形基础的混凝土分支模浇筑和原槽浇筑两种施工方法，以原槽浇筑为多见。但对于土质较差，不支模难以满足基础外形和尺寸的，应采用支模浇筑。

条形基础操作工艺顺序为：浇筑前的准备工作→混凝土的浇筑→混凝土的振捣斗→基础表面的修整→混凝土的养护。

1)浇筑前的准备工作

①浇筑前，经测试并在两侧土壁上交错打入水平桩。桩面高度为基础顶面后设计标高。水平桩长约 10 cm，间距为 3 m 左右，水平桩外露 2～3 cm。如采用支模浇筑，其浇筑高度则以模板上口高度或高度线为准。

②清除干净基底表面的浮土、木屑等杂物。对于无垫层的基底表面应修整铲平；打混凝土垫层的，应用清水清扫干净并排除积

水;干燥的非黏性地基土应适量洒水使之润湿。

③有钢筋网片的,绑扎牢固、保证间距,按规定加垫好混凝土保护层垫块。

④模板缝隙应用泥袋纸堵塞。模板支撑合理、牢固,满足浇筑要求。木模板在浇筑前应浇水使之润湿。

⑤做好通道、拌料铁盘的设置、施工水的排除等其他准备工作。

2)混凝土的灌注

①从基槽最远一端开始浇筑,逐渐缩短混凝土的运输距离。

②条形基础灌筑时,按基础高度分段、分层连续浇筑,每段浇灌长度宜控制在 3 m 左右。第一层灌注并集中振捣后再进行第二层的灌注和振捣。

③基槽深度小于 2 m 的,且混凝土工程量不大的条型基础,就将混凝土卸在拌盘上,用铁锹集中投料。混凝土工程量较大,且施工场地通道条件不太好的,可在基槽上铺设通道桥板,用手推车直接向基槽投料。

④基槽深度大于 2 m 的,为防止混凝土离析,必须用溜槽下料。投料时都采用先边角、后中间的方法,以保证混凝土的浇筑质量。

3)混凝土的振捣

条形基础的振捣宜选用插入式振捣器以"交错式"布置插点。控制好每个插点的振捣时间,一般以混凝土表面泛浆,无气泡为准并遵守"快插慢拔"的操作要领。同时应注意分段、分层结合处、基础四角及纵横基础交接处的振捣,以保证混凝土的密实。

4)基础表面的修整

混凝土分段浇筑完毕后,应立即用大铲或铁铲背将混凝土表面拍平、压实或反复搓平,坑凹处用混凝土补平。

【技能要点 2】混凝土柱、墙板施工

(1)混凝土柱的浇筑

1)混凝土浇筑:

①先在底部铺上与构件混凝土同强度、同品质的50～100 mm厚的水泥砂浆层。

②为了避免用泵送或料斗投送或人工布料时的混乱，每个工作点只能由一人专职布料。

③如泵送或吊斗布料的出口尺寸较大，而柱的短边长度较小时，为避免拌和物散落在模外或冲击模具变形，不可直接布料入模，可在柱上口旁设置布料平台，先将拌和物卸在平台的拌板上，再用人工布料。

④如有条件直接由布料杆或吊斗卸料入模时，应注意两点：一是拌和物不可直接冲击模型，避免模型变形；二是卸料时不可集中一点，造成离析，应移动式布料，如图 3—4 所示。

⑤必须说明的是，插入式振捣器、振动棒长度一般为 300 mm左右，但其实际工作作用部分不超过 250 mm；另外，由于保护振捣棒与软轴接合处的耐用性，在使用时插入混凝土的长度不应超过振捣棒长度的 3/4。对用软轴式振捣器的混凝土浇灌厚度，每层可定为 300 mm。

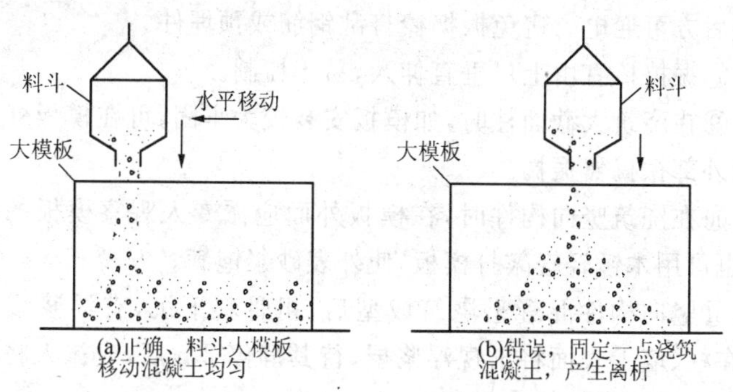

图 3—4　料斗移动对混凝土浇筑质量的影响

⑥捣固工作由 2 人负责，1 人用振捣器或用手工工具对中心部位进行捣固，另 1 人则用刀式插棒（如图 3—5 所示）对构件外周进行捣固，以保证周边的饱满平正。

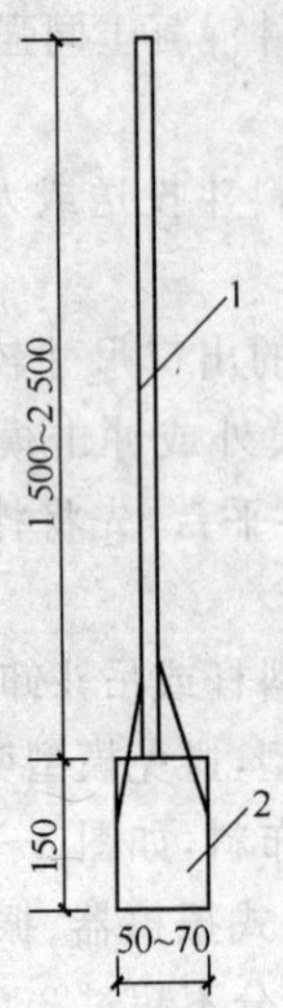

图 3—5　刀式插棒（单位：mm）

1—ϕ16 mm 空心钢管；2—δ＝1.5～2.5 mm 的薄钢板

⑦使用软轴式振捣器宜选用软轴较长的。操作时应在振捣棒就位后方可通电。避免振捣棒打乱钢筋或预埋件。

⑧振捣棒宜由上口垂直伸入，易于控制。

⑨在浇筑大截面柱时，如模板安装较为牢固，可在模板外悬挂轻型外部振捣器振捣。

⑩在浇筑竖向构件时，在模板外面应派专人观察模板的稳定性，也可用木锤轻轻敲打模板，使外表砂浆饱满。

⑪竖向构件混凝土浇筑成型后，粗骨料下沉，有浮浆缓性上浮，在柱、墙上表面将出现浮浆层，待其静停 2 h 后，应派人将浮浆清出，方可继续浇筑新混凝土。

2)混凝土的灌注：

①柱高不大于 3 m，柱断面大于 40 cm×40 cm 且又无交叉箍筋时，混凝土可由柱模顶部直接倒入。当柱高大于 3 m 时，必须分段灌注，每段的灌注高度不大于 3 m。

②柱断面在 40 cm×40 cm 以内或有交叉箍筋的分段灌注混

凝土,每段的高度不大于 2 m。如果柱箍筋妨碍斜溜槽的装置,可将箍筋一端解开向上提起,混凝土浇筑后,门子板封闭前将箍筋重新按原位置绑扎,并将门子板封上,用柱箍箍紧。使用斜溜槽下料时,可将其轻轻晃动,使下料速度加快。分层浇筑时切不可一次投料过多,以免影响浇筑质量。

③柱混凝土灌注前,柱基表面应先填以 5～10 cm 厚与混凝土内砂浆成分相同的水泥砂装,然后再灌注混凝土。

④在灌注断面尺寸狭小且混凝土柱又较高时,为防止混凝土灌至一定高度后,柱内聚积大量浆水而可能造成混凝土强度不均的现象。在灌注至一定高度后,应适量减少混凝土配合比的用水量。

⑤采用竖向串筒、溜管导送混凝土时,柱子的灌注高度可不受限制。

⑥浇筑一排柱子的顺序应从两端同时开始向中间推进,不可从一端开始向另一端推进。

3)混凝土柱的振捣:

①柱混凝土多应用插入式振捣器。当振捣器的软轴比柱长 0.5～1 m 时,待下料达到分层厚度后,即可将振捣器从柱顶伸入混凝土层内进行振捣。注意插入深度,振捣器软轴不要振动过大,以避免碰撞钢筋。

②振捣器找好振捣位置时,再合闸振捣。

③混凝土的浇捣需 3～4 人协同操作,2 人负责卸料,1 人负责振捣,另 1 人负责开关振捣器。

④当插入式振捣器的软轴短于柱高时,则应从柱模板侧面的门于洞将振捣器插入。

⑤振捣时,每个插点的振捣时间不宜过长,如振捣时间过长,在分层浇筑时,振捣器的棒头应伸入到下层混凝土内 5～10 cm,以保证上下层混凝土结合处的密实性。操作时应掌握“快插慢拔”的要领,以保证混凝土振捣密实。

⑥当柱断面较小,钢筋较密时,可将柱模一侧全部配成横向模

板，从下至上，每浇筑一节模板封闭一节。

4）柱模板应以后装先拆、先装后拆的顺序拆除。拆模时不可用力过猛过急，以免造成柱边角缺棱掉角，影响混凝土的外观质量。

5）模板的拆除时间应以混凝土强度能保证其表面及棱角不因拆除模板而受损坏时，方可拆模。

6）混凝土捣实的观察用肉眼观察振捣过的混凝土，具有下列情况者，可认为已达到沉实饱满的要求：

①模型内混凝土不再下沉。

②表面基本形成水平面。

③边角无空隙。

④表面泛浆。

⑤不再冒出气泡。

⑥模板的拼缝外，在外部可见有水迹。

（2）混凝土墙的浇筑

1）混凝土的灌注

①墙体混凝土灌注时应遵循先边角后中部，先外部后内部的顺序，以保证外部墙体的垂直度。

②高度在 3 m 以内，且截面尺寸较大的外墙与隔墙，可从墙顶向模板内卸料。卸料时须安装料斗缓冲，以防混凝土离析。对于截面尺寸狭小且钢筋较密集的墙体，以及高度大于 3 m 的任何截面墙体混凝土的灌注，均应沿墙高度每 2 m 开设门子洞、装上斜溜槽卸料。

③如泵送或吊斗布料的出口尺寸较大，而墙厚时，不可直接布料入模，避免拌和物散落在模外或冲击模具变形，可在墙体的上口旁设置布料平台，先将拌和物卸在平台的拌板上，再用人布料。

④灌注截面较狭且深的墙体混凝土时，为避免混凝土浇筑至一定高度后，由于积聚大量的浆水，而可能造成混凝土强度不匀的现象，宜在灌至适当高度时，适量减少混凝土用水量。

⑤墙壁上有门、窗及工艺孔洞时，应在其两侧同时对称下料，

以确保孔洞位置。

⑥墙模灌注混凝土时，应先在模底铺一层厚度约 50～80 mm 的与混凝土内成分相同的水泥砂浆，再分层灌注混凝土。

2)混凝土的振捣

①对于截面尺寸厚大的混凝土墙，可使用插入式振捣器振捣。而一般钢筋较密集的墙体，可采用附着式振捣器振捣，其振捣深度为 25 cm 左右。

②墙体混凝土应分层灌注，分层振捣。下层混凝土初凝前，应进行上层混凝土的浇捣，同一层段的混凝土应连续浇筑。

③在墙角、墙垛、悬臂构件支座、柱帽等结构节点的钢筋密集处，可用小口径振动棒或人工捣固，保证密实。

④在浇筑较厚墙体时，如模板安装较为牢固，可在模板外悬挂轻型外部振捣器振捣。

⑤使用插入式振捣器，如遇门、窗洞口时，应两侧对称振捣，避免将门、窗洞口挤偏。

⑥对于设计有方形孔洞的墙体，为防止孔洞底模下出现空鼓，通常浇至孔洞底标高后，再安装横板，继续向上浇筑混凝土。

⑦墙体混凝土使用插入式振捣器振捣时，如振捣器软轴较墙高长时，待下料达到分层厚度后，即可将振捣器从墙顶伸入墙内振捣。

如振捣器软轴较墙高短时，应从门子洞伸入墙内振捣。先找到振捣位置后，再合闸振捣，以避免振捣器撞击钢筋。使用附着式振捣器振捣时，可分层灌注、分层振捣，也可边灌注、边振捣等。

附着式振动器操作要点

(1)外部振动器设计时不考虑轴承受轴向力，故在使用时，电动机轴应呈水平状态。

(2)振动器作业前应进行检查和试运转，试运转时不可在干硬土或硬物体上运转，以免振动器振跳过甚而受损。安装在搅拌站(楼)料仓上的振动器应安置橡胶垫。

(3)附着式振动器作业时，一般安装在混凝土模板上，每次振动时间不超过 1 min；当混凝土在模内泛浆流动显水平状，即可停振。不可在混凝土初凝状态时再振；也不可使周围已初凝的混凝土受振动的影响，以保证质量。

(4)在一个模板上同时用多台附着式振动器振动时，各振动器的频率必须保持一致；相对面的振动器应交叉安放。

(5)附着式振动器安装在模板上的连接必须牢靠，作业过程中应随时注意防止由于振动而颤动，应经常检查和紧周连接螺栓。

(6)在水平混凝土表面进行振捣时，平板式振动器是利用电动机振动子所产生的惯性水平分力自行移动的，操作者只要控制移动的方向即可。但必须注意作业时应使振动器的平板和混凝土表面保持接触。

(7)平板振动器的平板和混凝土接触，使振渡有效地传递给混凝土，使之振实至表面出浆，即可缓慢向前移动。移动方向应按电动机旋转方向自动地向前或向后，移动速度以能保证振密出浆为准。

(8)在振的振动器不可放在已凝或初凝的混凝土上，以免振伤。

(9)平板振动器作业时，应分层分段进行大面积的振动，移动时应有列有序，前排振捣一段落后可原排返回进行第二次振动或振动第二排，两排搭接以 5 cm 为宜。

(10)振动中移动的速度和次数，应根据混凝土的干硬程度及其浇筑厚度而定；振动的混凝土厚度不超过 20 cm 时，振动两遍即可满足质量要求。第一遍横向振动使混凝土振实；第二遍纵向振捣，使表面平整。对于干硬性混凝土可视实际情况，必要时可酌情增加振捣遍数。

⑧当顶板与墙体整体现浇时，顶板端部分的墙体混凝土应单独浇捣，以保证墙体的整体性和抗震能力。同一层的剪力墙、筒体

墙、与柱连接的墙体，均属一个层段的整体结构，其浇筑方法与进度应同步进行。

⑨竖向构件混凝土浇筑成形后，粗骨料下沉，有浮浆缓慢上浮，在墙上表面将出现浮浆层，待其静停 2 h 后，应将浮浆清出，方可继续浇筑新混凝土。

⑩对柱、墙、梁捣插时，宜轻插、密插，捣插点应螺旋式均匀分布，由外围向中心先靠拢。边角部位宜多插，上下抽动幅度在 100～200 mm，应与布料深度同步。截面较大的构件应 2 人或 3 人同时捣插，亦可同时在模板外面轻轻敲打，以免蜂窝等缺陷出现。

【技能要点 3】混凝土梁结构施工

梁是水平构件，主要是受弯结构。浇筑工艺要求较高。其架构形式如图 3—6 所示。各种荷载先由楼板传递至次梁，再传递至主梁，再传递至柱子，是由上而下传递的。但混凝土浇筑程序则由下而上，同时要在下部结构浇筑后体积有一定的稳定后才可逐步向上浇筑。

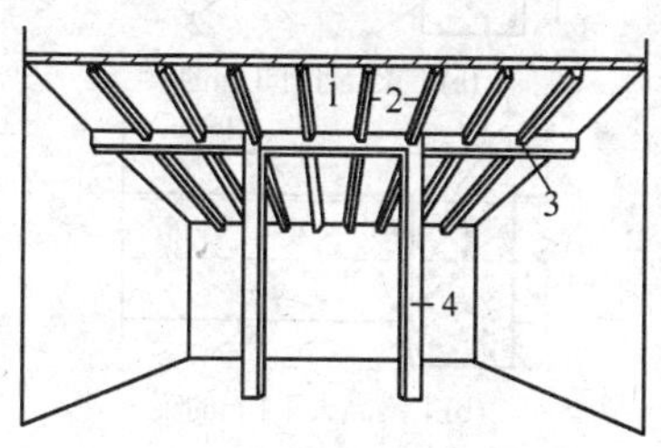

图 3—6　柱、梁、楼板结构组合图

1—楼板；2—次梁；3—主梁；4—柱子

安装工作平台后，即可开始工作。工作中严禁踩踏钢筋。

(1)为保证工程的整体性，主梁和次梁应同时浇筑（如有现浇楼板的也应同时浇筑）。

(2)为保证钢筋骨架保护层垫块的数量和完好性应采用留置保护层的做法。禁止采用先布料后提钢筋网的办法。

(3)为避免因卸料或摊平料堆而致使钢筋位移，布料时，混凝土应卸在主梁或少筋的楼板上，不应卸在边角或有负筋的楼板上。

（4）布料时，因在运输途中振动，拌和物可能骨料下沉、砂浆上浮；或搅拌运输车卸料不均，均可能使拌和物造成"这车浆多，那车浆少"的现象。施工时注意卸料时不应叠高，而是用一车压半车或一斗压半斗，如图 3—7 所示，做到卸料均匀。

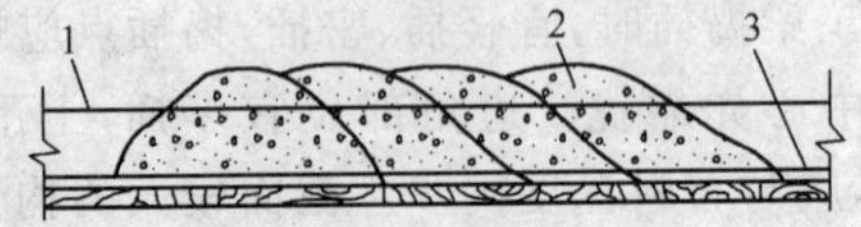

图 3—7　小车下料一车压半车法

1—楼板厚度线；2—混凝土；3—钢筋网

（5）如用人工布料和捣固时，可先用赶浆捣固法浇筑梁。应分层浇筑，第一层浇至距离后再回头浇筑第二层，成阶梯状前进，如图 3—8 所示。

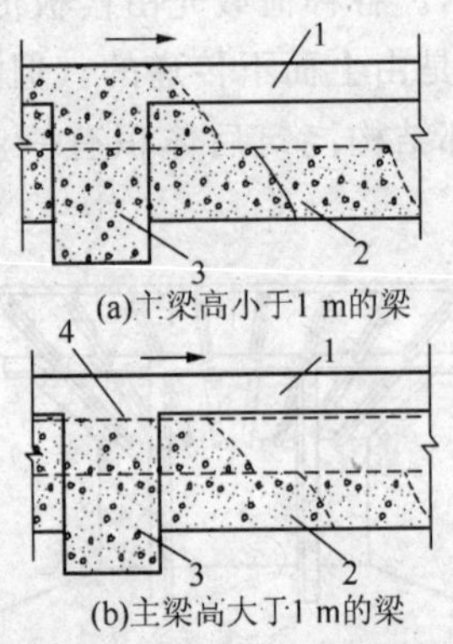

图 3—8　梁的分层浇长

1—楼板；2—次梁；3—主梁；4—施工缝

（6）堆放的拌和物，可先用插入式振捣器按图 3—9 摊平混凝土的方法将之摊平。再用平板振捣器或人工进行捣固。

（7）主次梁交接部位或梁的端部是钢筋密集区，浇筑操作较困难，通常采用下列技巧：在钢筋稀疏的部位，用振动棒斜插振捣，如图 3—10 所示。

在振捣棒端部焊上厚 8 mm、长 200～300 mm 的扁钢片，做成

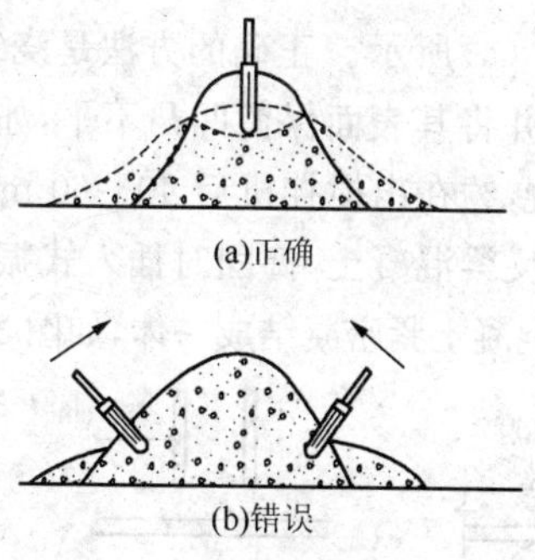

图 3—9　摊平混凝土

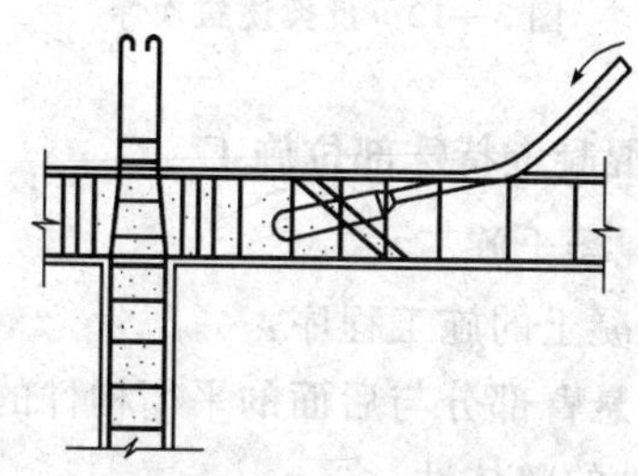

图 3—10　插入式振动器钢筋密集处斜插振捣

剑式振捣棒进行振捣，如图 3—11 所示。但剑式振捣棒的作用半径较小，振点应加密。在模板外部用木锤轻轻敲打。

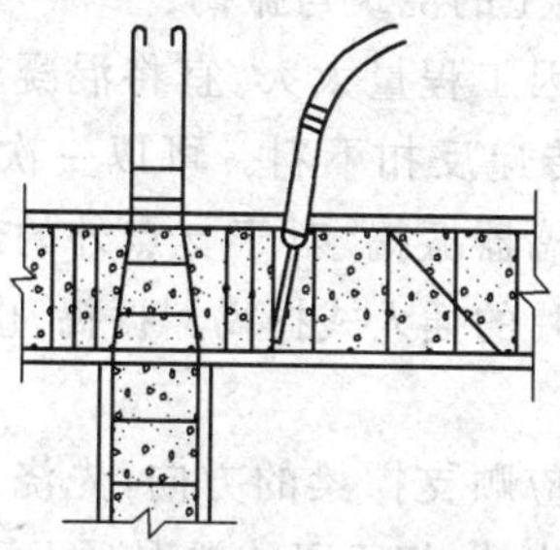

图 3—11　剑式插入式振动器作用

(8)反梁的浇筑：反梁的模板通常是采用悬空支撑，用钢筋将反梁的侧模板支离在楼板面上。如浇筑混凝土时将反梁与楼板同时浇筑，因反梁的混凝土仍处在塑性状态，将向下流淌，形成断脖子现象,如图 3—12 (a)所示。正确的方法是浇筑楼板时,先浇筑反梁下的混凝土楼板,并将其表面保留凹凸不平,如图 3—12 (b)所示。待楼板混凝土至初凝,约在出搅拌机后 40～60 min,再继续按分层布料、捣固的方法浇筑反梁混凝土,捣固时插入式振捣棒应伸入混凝土 30～50 mm,使前后混凝土紧密凝结成一体,如图 3—12 (c)所示。

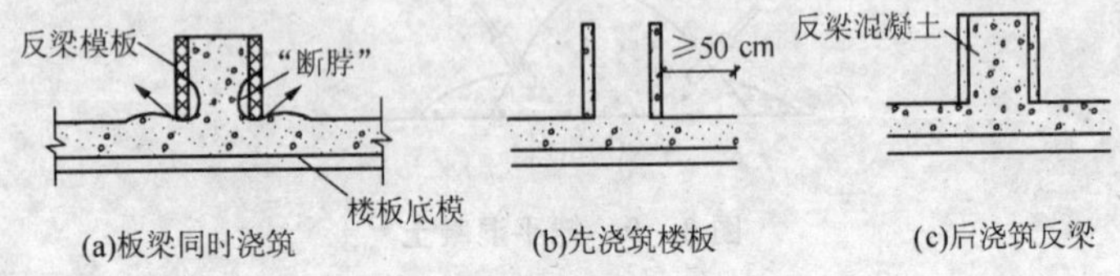

图 3—12　反梁浇筑次序

【技能要点 4】混凝土特殊部位施工

(1)悬挑构件混凝土施工

1)悬挑构件混凝土的施工程序:

①悬挑构件的悬臂部分与后面的平衡构件的浇筑必须同时进行,以保证悬挑构件的整体性。

②混凝土浇筑时应先内后外、先梁后板、一次连续浇筑,不允许留置混凝土施工缝。

2)悬挑构件混凝土的浇筑与振捣:

①对于悬臂梁,因工程量太大,宜将混凝土卸在铁皮拌板上,再用铁锹或小铁桶传递反扣下料。可以一次性将混凝土料下足后,集中用插入工振捣器振捣,对于支点外的悬挑部分,如因钢筋太密集,可采用带薄片的插入式振捣器振捣,也可配合人工捣实方式使混凝土密实。

②对于悬臂板,应顺支撑梁的方向,先浇筑梁,待混凝土浇到平板底后,梁板同时浇筑,切不可待梁混凝土浇筑完后再来浇板。

(2)圈梁混凝土的施工

圈梁一般设置在砖墙上,圈梁的厚度通常为 12～24 cm,宽度同墙厚。圈梁是浇筑在砖墙上的,其工作面狭长,容易漏浆。所以,圈梁混凝土在浇筑前一定要把模板的板缝和模板的接头处缝隙堵严实,防止漏浆。

圈梁混凝土在浇筑前应检查钢筋的规格、措接长度及箍筋的间距等,要垫好混凝土保护层垫块。浇筑圈梁用的脚手架及板的铺设应符合施工要求,并安全可靠。圈梁混凝土的浇筑可先将混凝土拌和料卸到铁皮板上,再用铁锹或小铁桶传递反扣下料。下料时应先两边后中间,分段浇满后用插入式振捣器集中振捣,分段的长度一般为 2～3 m。由于圈梁较长,一次无法浇筑完,可留设施工缝。施工缝的位置不宜留在砖墙的十字、丁字、转角、墙垛处及门窗、大中型管道、预留孔洞上部等位置。

混凝土浇筑顺序应由远而近,由高到低进行。

(3)楼梯混凝土的施工

楼梯混凝土浇筑时因施工面狭小,其操作位置在不断变化,操作人员要少。混凝土的浇筑可先将混凝土拌和料卸到铁皮板上,再用铁锹或小铁桶传递下料。

为减少运料困难,混凝土浇筑可按以下顺序进行:休息平台以下的踏步可由低层进料;休息平台以上,由楼面进料,由下往上逐步浇筑完毕。楼梯栏杆为混凝土制件时,应同时浇筑;如为其他材料时,应有预埋件,预埋件的位置必须正确,预埋件处的混凝土浇筑要饱满,预埋件应被混凝土包裹密实。

(4)混凝土地坪的施工

混凝土地坪在施工前应先做好地坪的垫层。垫层材料为强度不低于 C10 的混凝土,厚度不小于 60 mm。

垫层混凝土在浇筑前应进行分仓,即用木板条在基层上分成若干个区段,每段宽度一般为 3～4 m,区段划分要考虑地面变形缝的位置和设备基础位置情况,在每个区段四角及中央要钉上标高桩(钢筋桩或木桩),并用水准仪抄平,使标高顶的高程等于垫层面的标高。

浇筑垫层混凝土时,应先洒水湿润基层,然后浇筑混凝土,用平板式振捣器振实,振实后的混凝土面层与标高桩顶面相平。待检查无误后随手将桩拔掉。

分仓浇筑混凝土时，应间隔进行，即浇一块，空一块。剩下一半分仓在浇筑混凝土时应先去掉分仓木板条，以浇筑的混凝土面作为标高控制。

室内、室外混凝土垫层宜设置纵向、横向缩缝，室外混凝土垫层还宜设置伸缝。缩缝间距应与分格间距取得一致。纵向缩缝应做成平头缝，如垫层厚度大于 150 mm，亦可做成企口缝；横向缩缝应做成假缝，如图 3—13 所示。

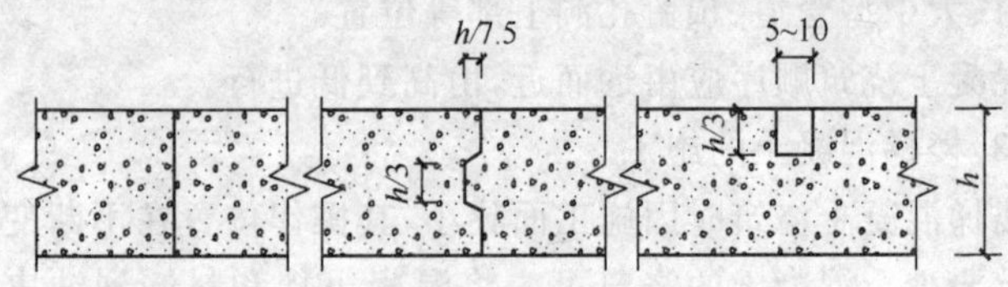

图 3—13　纵、横向缩缝图（单位：mm）

纵向缩缝间距一般为 3～6 m，横向缩缝间距为 6～12 m；伸缝间距一般为 30 m。纵向缩缝内不放隔离材料，浇筑混凝土时必须相互紧贴。横向缩缝内应填水泥砂浆。伸缝的宽度为 20～30 mm，上下贯通，缝内填沥青材料。

地面面层混凝土浇筑前，应提前 1 d 对垫层表面洒水湿润。当天施工时应先在垫层上均匀刷一层水泥浆，然后按事先做好的标桩或冲筋高度摊铺混凝土，用长刮杠刮平，再用铁滚筒滚压至出浆，对表面塌陷处随即补平。如遇大面积地面没有分仓缝时，混凝土应一次浇筑完毕，不要留设混凝土施工缝。

第二节　复杂结构混凝土施工

【技能要点 1】框架结构混凝土施工

(1)原材料检验

1)水泥。如对原料水泥的性能有怀疑时，可抽取不同部位 20 处(如随机抽 20 袋每袋抽 1 kg 左右)，总量至少 12 kg，送试验室做强度测试和安全性试验。待试验结果合格后才可使用。

水泥的验收

(1)水泥的验收

水泥进场时应对其品种、级别、包装或散装仓号、出厂日期等进行检查,并应对其强度、安定性及其他必要的性能指标进行复验,其质量必须符合现行国家标准《通用硅酸盐水泥》国家标准第1号修改单(GB 175—2007/XG1－2009)等的规定。

当在使用中对水泥质量有怀疑或水泥出厂超过三个月(快硬硅酸盐水泥超过一个月)时,应进行复验,并按复验结果使用。

钢筋混凝土结构、预应力混凝土结构中,严禁使用含氯化物的水泥。

检查数量:按同一生产厂家、同一等级、同一品种、同一批号且连续进场的水泥,袋装不超过200 t为一批,散装不超过500 t为一批,每批抽样不少于一次。

检验方法:检查产品合格证、出厂检验报告和进场复验报告。为能及时得知水泥强度,可按《水泥强度快速检验方法》(JC/T 738—2004)预测水泥28 d强度。

(2)进场水泥外观检查

1)快凝快硬硅酸盐水泥:每袋净重为(45±1)kg;

2)砌筑水泥:每袋净重为(40±1)kg;

3)硫铝酸盐早强水泥:每袋净重为(46±1)kg。

注意袋装水泥的净重,以保证水泥的合理运输和掺量。

产品合格证检查:检查产品合格证的品种、强度等级等指标是否符合要求,进货品种是否和合格证相符。

(3)水泥的取样

1)取样步骤。水泥取样应按以下步骤进行:

①袋装水泥。在袋装水泥堆场取样。可采用专用取样管,随机选择20个以上不同的部位,将取样管插入水泥适当深度,用大拇指按住气孔,小心抽出取样管。将所取样品放入洁净、干燥、不易受污染的容器中。

②散装水泥。在散装水泥卸料处或输送水泥运输机具上取样。当所取水泥深度不超过 2 m 时，可采用专用取样管，通过取样管内管控制开关，在适当位置插入水泥一定深度，关闭后小心抽出。将所取样品放入洁净、干燥、不易受污染的容器中。

2)样品制备。样品缩分可采用二分器，一次或多次将样品缩分到标准要求的规定量。水泥样要通过 0.9 mm 方孔筛，均分为试验样和封存样。样品应存放在密封的金属容器中，加封条。容器应洁净、干燥、防潮、密闭、不易破损、不与水泥发生反应。样品应存放于干燥、通风的环境中。

2)砂、石。使用前对砂、石进行抽样检验，即在来料堆上分中间、四角等不同部位抽取 10 kg 以上送试验室进行测试。测试内容为:级配情况是否合格;含泥量、有机有害物质的含量是否超标;表观密度为(过去称容重)多少;对高强混凝土的石子可能还要做强度试验，可用压碎指标来反映。

3)水。如采用非饮用水、非自来水时，有必要对水进行化验。测定其 pH 值和有机含量，确认对水泥、砂、石无害后才可使用。

4)外加剂。如混凝土要掺加外加剂，则也应进试验室经试配得出掺量的结果后，确定在混凝土中如何掺用。

外加剂的使用

(1)混凝土外加剂的掺量。我国外加剂大部分是固体粉状产品，使用时固体产品的掺量以水泥重量百分数表示。外加剂的最佳掺量是获得最好的技术效果和经济效果的重要因素。外加剂的最佳掺量是通过混凝土试配结果确定的，基本的原则是在满足混凝土性能要求的前提下，采用最低掺量。生产厂家的产品说明书中提供的是某种外加剂使用时的掺量范围，使用单位必须通过混凝土试配确定外加剂的合理掺量。使用外加剂还需严格控制掺量，各种外加剂都有各自的适宜掺量范围，即使同一种外加剂，不同的用途也有不同的适宜掺量，掺少了达不到预期效果，掺多了可能产生不良后果。

(2)使用外加剂之前要进行试验。我国目前虽然已有外加剂国家标准,但由于生产管理及其他一些原因,致使产品质量不稳定,加上外加剂对水泥有一个适应性问题,为确保工程质量,要进行混凝土试配,以检验外加剂对混凝土的实用性能。

(3)使用外加剂要注意调整混凝土的配合比。外加剂对混凝土配合比没有特殊要求,可按普通混凝土方法进行设计,但如在减水和节约水泥的情况下,为保证混凝土制成量,应对配合比作适当调整。掺入减水剂特别是掺入引气减水剂后,混凝土拌和物的和易性能获得较大改善,因此砂率可适当降低1%~3%。

(4)使用掺外加剂的混凝土要注意搅拌、运输和成型等操作的全过程。为了搅拌均匀应适当延长搅拌时间;运输过程应注意保持混凝土拌和物的匀质性,避免分层离析;掺有缓凝型外加剂的混凝土拌和物,要注意初凝时间延缓程度;掺高效减水剂或复合外加剂的混凝土拌和物,要注意坍落度损失快的特点;掺引气减水剂的混凝土拌和物在成型时要用高频振动器振捣,以利于除气,否则会影响混凝土的质量。

(5)掺外加剂混凝土的养护。同普通混凝土一样,要求正常的养护,现浇混凝土硬化早期要浇水养护。使用膨胀剂配制补偿收缩、防渗抗裂混凝土更要重视早期的养护,否则达不到应有的效果。冬期施工使用防冻剂应当注意覆盖保温,使混凝土尽快达到临界强度,防止冻害。外加剂用于蒸养混凝土构件或制品生产时,除采用合理的蒸养制度之外,蒸养后堆放时也应浇水养护,这样可进一步提高强度和改善性能。

5)掺和料。用掺和料(如粉煤机)时,必须对来料弄清等级,从外观检盘细度,其掺量应按试验室试配确定的掺量为准,在施工时加入搅拌材料中进行搅拌。

(2)机具及劳动力的准备

1)检查原材料的质量、品种与规格是否符合混凝土配合比设计要求,各种原材料应满足混凝土一次连续浇筑的需要。

2)检查施工用的搅拌机、振动器、水平及垂直运输设备、料斗及串筒、备品及配件设备的情况。所有机具在使用前应试转运行,以保证使用过程中运转良好。

3)浇筑混凝土用的料斗、串筒应在浇筑前安装就位,浇筑用的脚手架、桥板、通道应提前搭设好,并保证安全可靠。

4)对砂、石料的称量器具应检查校正,保证其称量的准确性。

5)准备好浇捣点的混凝土振动器、临时堆放由小车推来的混凝土的铁板(1～2 mm 厚,1 m×2 m 的黑铁板)、流动电闸箱(给振动器送电用)、铁锹和夜间施工需要的照明或行灯(有些过深的部位仅上部照明看不见,还要有手提的照射灯)等。

(3)模板及钢筋的检查

1)检查模板安装的轴线位置、标高、尺寸与设计要求是否一致;模板与支撑是否牢固可靠,支架是否稳定,模板拼缝是否严密,锚固螺栓和预埋件、预留孔洞位置是否准确,发现问题应及时处理。

2)检查钢筋的规格、数量、形状、安装位置是否符合设计要求,钢筋的接头位置,搭接长度是否符合施工规范要求,控制混凝土保护层厚度的砂浆垫块或支架是否按要求铺垫,绑扎成型后的钢筋是否有松动、变形、错位等,检查发现的问题应及时要求钢筋工处理。检查后应填写隐蔽工程记录。

(4)混凝土开拌前的清理工作

1)将模板内的木屑、绑扎丝头等杂物清理干净。木模在浇筑前应充分浇水润湿,模板拼缝缝隙较大时,应用水泥袋纸、木片或纸筋灰填塞,以防漏浆影响混凝土质量。

2)对黏附在钢筋上的泥土、油污及钢筋上的水锈应清理干净。

(5)混凝土的运输

混凝土从搅拌机出料后到浇筑地点,必须经过运输。目前混凝土的运输有两种情况。

1)工地搅拌,工地浇筑要求应以最少的转载次数、最短的时间运到浇筑点上。施工工地内的运输一般采用手推车或机动翻斗车。要求容器不吸水、不漏浆，容器使用前表面要先润湿。对车斗内的残余混凝土要清理干净，运石灰之类的车不能用来运输混凝土。运输时间一般应不超过规定的最早初凝时间，即 45 min。

运输过程中要保持混凝土的均匀性，做到不分层、不离析、不漏浆。不能因发现混凝土干硬了而任意加水。此外要求混凝土运到浇筑的地点时，还应具有规定的坍落度。如果运到浇筑地点发现混凝土出现离析或初凝现象，则必须在浇筑前进行二次搅拌，要达到均匀后方可入模。

2)采用商品混凝土工地浇筑要求运送的搅拌车能满足泵送的连续工作。因此，根据混凝土厂至工地的路程要制定出用多少搅拌车运送，估计每辆车的运输时间，防止间隙过大而造成输送管道阻塞。在工地上，从泵车至浇筑点的运输，全部依靠管道进行。因此，要求输送管线要直，转弯宜缓，接头严密。如管道向下倾斜，应防止混入空气产生阻塞。泵送前应先用适量的与混凝土内成分相同的水泥砂浆润滑输送管内壁。万一发生泵送间歇时间超过 45 min 或混凝土出现离析现象时，应立即用压力水或其他方法冲洗出管内残留的混凝土。由于目前商品混凝土都掺加缓凝型外加剂，间歇时间超过 45 min 时也不一定发生问题。但必须注意可能出现的问题，并积累经验，便于处理出现的问题。

(6)混凝土的浇筑和振捣

浇筑多層框架混凝土时，要分层分段组织施上。水平方向以结构平面的伸缩缝或沉降缝为分段基准，垂直方向则以每一个使用层的柱、墙、梁、板为一结构层，先浇筑柱、墙等竖向结构，后浇筑梁和板。因此，框架混凝土的施上实际上是除基础外的柱、墙、梁、板的施工。

1)混凝土向模板内倾倒下落的自由高度，不应超过 2 m。超过的要用溜槽或串筒送落。

2)浇筑竖向结构的混凝土，第一车应先在底部浇填与混凝土内砂浆成分相同的水泥砂浆(即第一盘为按配合比投料叫不加石子的砂浆)。

3)每次浇筑所允许铺的混凝土厚度为:振捣时,用铺入式,允许铺的厚度为振动器作用部分长度的1.25倍,一般约50 cm;用平板振动器(振楼板或基础),则允许铺的厚度为200 mm。如有些地区实在没有振动器,而用人力捣固的,则一般铺200 mm左右或根据钢筋稀密程度确定。

4)在浇捣混凝土过程中,应密切观察模板、支架、钢筋、预埋件和预留孔洞的情况,当发现有变形、位移时应及时采取措施进行处理。

5)当竖向构件柱、墙与横向梁板整体连接时,柱、墙浇筑完毕后应让其自沉2 h左右,才能浇筑梁板与其结合。如没有间歇地连续浇捣,往往由于竖向构件模板内的混凝土自重下沉还未稳定,上部混凝土又浇下来,导致拆模后结合部出现横向水平裂缝,这是不利的。

(7)框架柱的混凝土浇筑

框架结构施工中,一般在柱模板支撑牢固后,先行浇筑混凝土。这样做可以使上部模板支撑的稳定性好。浇筑时可单独一个柱搭一个架子进行;或在梁、板支撑好后先浇柱混凝土,然后绑扎梁、板钢筋。

1)浇灌前先清理柱内根部的杂物,并用压力水冲净湿润,封好根部封口模板,准备下料。

2)用与混凝土内砂浆配比相同的水泥砂浆先填铺5~10 cm,用铁锹在柱根均匀撒开,再根据柱子高度下料:如超过3 m时,要用一串筒挂入送料;不超过3 m高,可直接用小车倒入,如图3—14所示。

3)当柱高不超过3.5 m,柱断面大于40 cm×40 cm且无交叉钢筋时,混凝土可由柱模顶直接倒入。当柱高超过3.5 m时,必须分段灌筑混凝土,每段高度不得超过3.5 m。

4)凡柱断面在40 cm×40 cm以内或有交叉箍筋的任何断面的混凝土柱,均应在柱模侧面开设的门子洞上装斜溜槽分段灌筑,每段高度不得大于2 m。如箍筋妨碍斜溜槽安装时,可将箍筋一

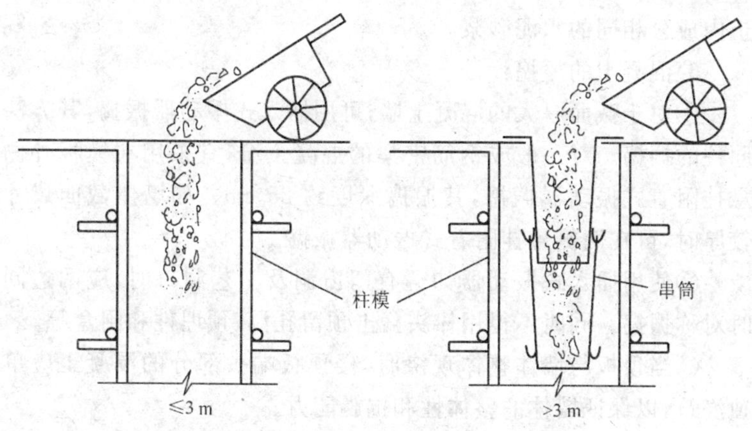

图 3—14　框架柱的混凝土浇筑

端解开提起，待混凝土浇至门子洞下口时，卸掉斜溜槽，将箍筋重新绑扎好，用门于板封口，柱筋箍紧，继续浇上段混凝土。采用斜溜槽下料时，可将其轻轻晃动，加快其下料速度。采用串筒下料时，柱混凝土的灌筑高度可不受限制。

5)浇捣中要注意柱模不要胀模或鼓肚；要保证柱子钢筋的位置，即在全部完成一层框架后，到上层放线时，钢筋应在柱子边框线内。

(8)墙体混凝土的浇筑和振捣

1)墙体混凝土浇筑，应遵循先边角后中部，先外墙后内墙的顺序，以保证外部墙体的垂直度。

2)混凝土灌注时应分层。分层厚度为：人工振捣不大于 35 cm；振动器振捣不大于 50 cm；轻骨料混凝土不大于 30 cm。

3)高度在 3 m 以内的外墙和内墙，混凝土可从墙顶向板内卸料，卸料时须在墙顶安装料斗缓冲，以防混凝土产生离析。对于截面尺寸狭小且钢筋密集的墙体，则应在侧模上开门子洞，大面积的墙体，均应每隔 2 m 开门子洞，装斜溜槽投料。

4)墙体上开有门窗洞或工艺洞口时，应从两侧同时对称投料，以防将门窗洞或工艺洞口模板挤变形。

5)墙体在灌注混凝土前必须先在底部铺 5～10 cm 厚与混凝

土内成分相同的水泥砂浆。

6)混凝土的振捣:

①对于截面厚大的混凝土墙,可用插入式振动器振捣,其方法同柱的振捣。对一般或钢筋密集的混凝土墙,宜采用在模板外侧悬挂附着式振动器振捣,其振捣深度约 25 cm。如墙体截面尺寸较厚时,可在两侧悬挂附着式振动器振捣。

②使用插入式振动器如遇有门窗洞及工艺洞口时,应两边同时对称振捣。同时不得用棒头猛击预留孔洞、预埋件和闸盒等。

③当顶板与墙体整体现浇时,楼顶板端头部分的混凝土应单独浇筑,以保证墙体的整体性和抗震能力。

(9)框架梁、板的混凝土浇筑和振捣

1)施工准备。清理梁、板模上的杂物;对缺少的保护层垫块,补加垫好。模板要浇水湿润,大面积框架楼层的湿润工作,可随浇筑进行随时湿润。

根据混凝土量确定浇筑台班,组织劳动力。框架梁、板宜连续浇筑施工,实在有困难时应留置施工缝。施工缝的留法见后面介绍。

2)一般从最远端开始,以逐渐缩短混凝土运距,避免捣实后的混凝土受到扰动。浇灌时应先低后高,即先浇捣梁,待浇捣至梁上口后,可一起浇捣梁、板,浇筑过程中尽量使混凝土面保持水平状态。深于 1 m 的梁,可以单独先浇捣,然后与别处拉平。

3)向梁内下混凝土料时,应采用反锁下料,这样可以避免混凝土离析。当梁内下料有 30～40 cm 深时,就应进行振捣,振捣时直插、斜插、移点等均应按规定实施。

4)梁板浇捣一段后(一个开间或一柱网),应采用平板振动器,按浇筑方向拉动机器振实面层。平板振捣后,由操作人员随后按楼层结构标高面,用木杠及木抹子槎抹混凝土表面,使之达到平整。

(10)梁、柱节点混凝土浇筑

1)框架梁、柱节点的特点。框架的梁、柱交叉的位置,称梁、柱节点，由于其受力的特殊性，主筋的连接接头的加强以及箍筋的加密造成钢筋密集，采用一般的浇筑施工方法，混凝土难以保证其密实度。

2)混凝土中的粗骨料要适应钢筋密集的要求。按施工图设计的要求，采用强度等级相同或高一级的细石混凝土浇筑。

3)混凝土的振捣。用较小直径的插入式振动器进行振捣，必要时可以人工振捣辅助，以保证其密实性。

4)为了防止混凝土初凝阶段，在自重作用以及模板横向变形等因素的影响下导致高度方向的收缩，柱子浇捣至箍筋加密区后，可以停 1～1.5 h(不能超过 2 h)，再浇筑节点混凝土。节点混凝土必须一次性浇捣完毕，不得留施工缝。

【技能要点 2】地下室混凝土施工

(1)施工准备

1)材料要求

①水泥：品种应按设计要求选用，其强度等级不应低于32.5 MPa，不得使用过期或受潮结块水泥，并不得将不同品种或不同强度等级的水泥混合使用。

②砂：宜采用中砂，含泥量不得大于 3.0%，泥块含量不得大于 1.0%，不得使用碱性骨料，泵送混凝土砂率宜为 38%～45%。

③碎石或卵石：粒径宜为 5～40 mm，含泥量不得大于 1.0%，泥块含量不得大于 0.5%，针片状颗粒含量不大于 10%。泵送混凝土时，颗粒最大粒径应不大于输送管径的 1/4；不大于混凝土最小断面 1/4；不大于钢筋最小净间距的 3/4。吸水率不应大于 1.5%。不得使用碱性骨料。

④水：拌制混凝土所用水，应采用不含有害物质的水。

⑤掺和料：粉煤灰的级别不应低于二级，掺量不宜大于 20%，硅粉掺量不应大于 3%，其他掺和料的参量应经过试验确定。

⑥外加剂：防水混凝土可根据工程需要掺入减水剂、膨胀剂、密实剂、引气剂、泵送剂、复合型外加剂等，其品种和掺量应经过试验确定，复合型外加剂掺入程序要有明确要求，防止外加剂之间先

自行发生化学反应。所有外加剂应符合国家和行业标准一等品及其以上质量要求。

⑦要做效果试验：每 1 m^3 防水混凝土中各类材料的总碱量（Na_2O 含量）不大于 3 kg。

2）主要机具

混凝土搅拌机、自动上料系统或手推车、混凝土输送泵或吊斗、插入式振捣器、铁锹。

混凝土搅拌机简介

（1）锥形反转出料混凝土搅拌机

锥形反转出料混凝土搅拌机的搅拌筒轴线始终保持水平位置，筒内设有交叉布置的搅拌叶片，在出料端设有一对螺旋形出料叶片，正转搅拌时，物料一方面被叶片提升、落下，另一方面强迫物料作轴向窜动，搅拌运动比较强烈。反转时由出料叶片将拌和料卸出。这种结构适用于搅拌塑性较高的普通混凝土和半干硬性混凝土，如图 3—15 所示。

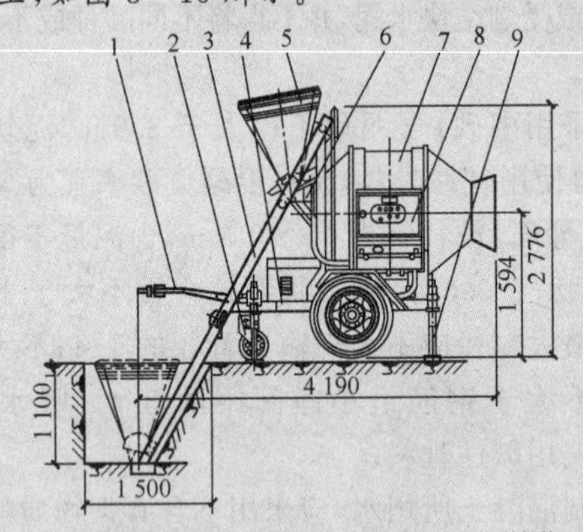

图 3—15　锥形反转出料搅拌机结构外形（单位：mm）

1—牵引架；2—前支轮；3—上料架；4—底盘；5—料斗；6—中间料斗；7—拌筒；8—电器箱；9—支腿

（2）锥形倾翻出料混凝土搅拌机

锥形倾翻出料混凝土搅拌机的进、出料为一个口，搅拌时锥形搅拌筒轴线具有15°仰角，出料时搅拌筒向下旋转50°～60°俯角。这种搅拌机卸料方便，速度快，生产率高，适用于混凝土搅拌站(楼)作主机使用。

(3)立轴式强式混凝土搅拌机

立轴强制式混凝土搅拌机是靠搅拌筒内的涡浆式叶片的旋转将物料挤压、翻转、抛出而进行强制搅拌的，具有搅拌均匀，时间短，密封性好的优点，适用于搅拌干硬混凝土和轻质混凝土，如图3—16所示。

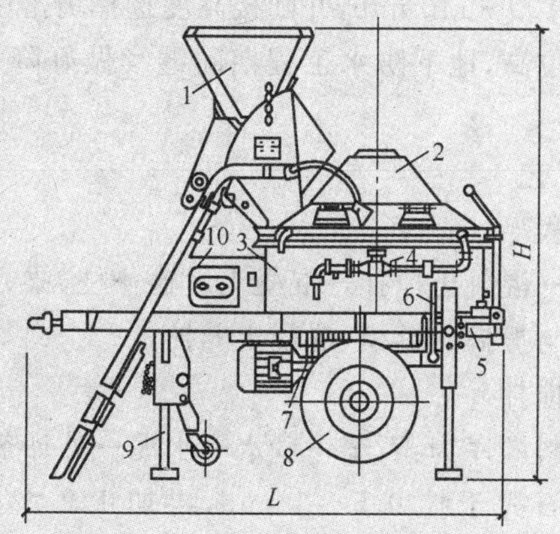

图3—16　立轴强制式(涡浆式)

1—进料装置；2—上罩；3—搅拌筒；4—水表；5—出料口；6—操纵手柄；7—传动装置；8—行走轮；9—支腿；10—电器工具箱

(4)卧轴式强式混凝土搅拌机

卧轴强制式混凝土搅拌机分单卧轴和双卧轴两种。它兼有自落式和强制式的优点，即搅拌质量好，生产率高，耗能少，能搅拌干硬性、塑性、轻骨料等混凝土以及各种砂浆、灰浆和硅酸盐等混合物，是一种多功能的搅拌机械。

3)施工作业必备条件

①完成钢筋的隐检、钢筋模板的预验工作，地下防水已做好甩槎和经过验收，注意检查固定模板的钢丝、螺栓是否穿过混凝土外墙，如必须穿过时，应采取止水措施。特别应注意管道或预埋件穿

过处是否已做好防水处理。木模板提前浇水润湿(竹胶板、复合模板可硬拼缝不用浇水,但要刷脱模剂),并将落入模板内的杂物清理干净。

②根据施工方案做好技术交底工作。

③各项原材料须经检验,并经试验提出混凝土配合比。试配的抗渗等级应按设计要求提高 0.2 MPa。混凝土水泥用量不得少于 300 kg/m^3,掺有活性掺和料时,水泥用量不得少于 280 kg/m^3,水灰比不大于 0.55,坍落度不大于 50 mm,如用泵进混凝土时,入泵坍落度宜为 100～140 mm,并随楼高度选择坍落度。

如地下水位高,地下防水工程期间继续做好降水、防水、排水工作。

(2)操作工艺

1)工艺流程

作业准备→混凝土搅拌→混凝土运输→柱、梁、板、剪力墙、楼梯混凝土浇筑与振捣→拆模、混凝土养护。

2)混凝土搅拌

①搅拌投料顺序为:石子→砂水→水泥→外加剂→水。

②投料砂石先干拌 0.5～1 min,再加 1/2 水。加水后搅拌 1～2 min(比普通混凝土搅拌时间延长 0.5 min)。再加水泥和外加剂,再加另外 1/2 水搅拌均匀。

③混凝土搅拌前必须严格按试验室配合比通知单操作,不得擅自修改。配合比标牌要标明每罐混凝土砂、石、水泥、外加剂、掺和料用量;砂石要测含水率(搅拌前 1 h 测出)。加水量要根据电子秤每秒代表重量换算成秒数(把砂石含水量扣除),砂石、水泥上料需要一样重(有互换性),配台比要算出每罐混凝土砂、石秤砣砝码重量(包括小车、秤盘重及分几次上料)。外加剂掺和料一律用小台秤提前 1 d 称好,装塑料袋(并进行抽查);散装水泥罐应同时没两个,轮流进水泥才能保证每罐水泥用完清罐,并有等待进场水泥 3 d 复试合格的时间。

④散装水。泥、砂、石要经过严格计量,袋装水泥必须抽查

5%～10%的重量，水泥库或水泥罐必须设有标识牌，标明厂家、品牌、品种、等级、生产时间、进场时间、试验结果，并和水泥出厂证、进场复试资料吻合，外加剂的掺加方法应遵从所送外加剂的使用要求。雨后砂、石必须补测含水率，调整用水量。电子计量器测出的每秒出水量必须标在配比牌上，换算成电子计量器的加水秒数，精确至小数点后一位。

3)混凝土运输

①混凝土运输供应要保持均衡，夏季或运距较远时可适当掺入缓凝剂。考虑运输时间、浇捣时间，确定混凝土初凝时间，必须保证以上时间，并做效果试验。

②混凝土在运输后如出现离析，必须进行二次搅拌。当坍落度损失后不能满足施工要求时，应加入原水灰比的水泥砂浆或二次掺加减水剂进行搅拌，事先经试验室验证可行，严禁直接加水。

4)混凝土浇筑

①混凝土应连续浇筑，宜不留或少留施工缝。抗渗混凝土底板一般按规范要求不留施工缝或留在后浇带上。底板浇筑前应画好浇筑流程图，以确保分层分段浇筑时不出现冷缝。

②墙体水平施工缝留在高出底板表面不少于 300 mm 的墙体上，施工缝宜用止水板或膨胀止水条；垂直施工缝宜用止水板或止水带，配以齿型模板解决。

③施工缝在浇筑混凝土前，应将混凝土软弱层全部清除，冲洗干净露出石子，且不留明水，先铺净浆，再铺 30～50 mm 厚的 1∶1 水泥砂浆或浇同一混凝土配合比的无石子砂浆 50～100 mm；对垂直缝涂刷混凝土界面处理剂，并及时浇筑混凝土。浇筑每步分层厚度按实测本工地振动棒有效作用长度的 1.25 倍制成的尺杆浇筑，插距为实际振动棒作用半径的 1.5 倍。严格按施工方案规定的顺序浇筑。混凝土由高处自由倾落不应大于 2 m，如高度超过 2 m，要用串筒、溜槽下落。

④混凝土必须采用高频机械振捣密实，不应漏振或过振，振捣时间应使混凝土表面全部泛浆、无气泡、不下沉为止。门洞口要对

称下料和振捣，防止模板移动。结构断面较小，钢筋密集的部位可用小振捣棒、小分层尺杆按分层浇捣；或在模板外用附着式振捣器振捣。浇筑到最上层表面，必须用木抹子找平，使表面密实平整。墙体顶标高宜比楼板高 1 个浮浆厚度，即＋5 mm。

5)混凝土养护

混凝土浇筑完成后 12 h 内立即进行养护，要保持混凝土表面湿润要防止过早上人踩坏混凝土表面。养护不得少于 14 d。

6)质量标准

①主控项目

a.防水混凝土的原材料、外加剂、掺和料、配合比、坍落度及初凝时间必须符合设计要求、施工规范和有关标准的规定，检查出厂合格证、试验报告、试配单、开盘鉴定和外加剂效果试验，并对搅拌站及料场、料库进行核对。

外加剂的规定

(1)碱含量的限制规定：

1)为了有效预防混凝土碱骨料反应发生所造成的危害，对于掺入混凝土的外加剂的碱总量($Na_2O+0.658K_2O$)加以规定，由化学外加剂带入混凝土工程中的碱总量防水类应小于等于0.7 kg，非防水类应小于等于 1.0 kg。

2)化学外加剂带入混凝土的碱总量计算方法：首先按照每 1 m^3 混凝土 400 kg 水泥计算化学外加剂的用量 M(kg)，如外加剂碱含量为 $R\%$，则带入每 1 m^3 混凝土的碱总量即为 $M\times R\%\times 100$。

3)按照中国工程建设标准化协会颁布的 CECS53：93《混凝土碱含量限值标准》规定，矿物外掺料带入混凝土的碱总量以有效含碱量计算。

(2)由于含氯外加剂掺入混凝土中会对混凝土中钢筋锈蚀产生不良影响，所以对外加剂的氯离子含量应加以严格控制，针对混凝土种类，其所选用的外加剂氯离子含量为预应力混凝土限制在 0.02 kg/m^3 以下，钢筋混凝土限制在 0.02～0.2 kg/m^3，无筋混凝土限制在 0.2～0.6 kg/m³。

(3)含尿素、氨类等有刺激性气味成分的外加剂，不得用于房屋建筑工程中。

(4)混凝土外加剂中含有的游离甲醛、游离萘等有害身体健康的成分含量应符合国家有关标准的规定；用于饮水工程及与食品相接触的部位时，混凝土外加剂应进行毒性检测；混凝土外加剂掺入后，不应对周围环境及大气产生污染，应符合环保要求。

(5)混凝土外加剂的包装除符合《混凝土外加剂》(GB 8076—2008)中有关要求外，还应标明其在使用中的注意事项以及必要的安全措施，即是否含有苛性碱、毒性或腐蚀性。

b. 防水混凝土的抗压强度和抗渗压力必须符合设计要求，检查混凝土抗压、抗渗试验报告。

c. 防水混凝土的变形缝、施工缝、后浇带、穿墙管道、埋设件等设置和构造，均须符合规范和设计特点的要求，严禁渗漏。

②一般项目

a. 混凝土结构表面应坚实平整，不得有露筋、蜂窝等缺陷，埋件位置应正确。

b. 混凝土结构表面的裂缝宽度不应大于 0.2 mm，并不得贯通。

c. 结构迎水面钢筋保护层厚度不应小于 50 mm，其允许偏差为±10 mm。

d. 迎水面保护层设计如未达到地下防水规范的 50 mm，应与设计单位办理变更洽商报告。

【技能要点 3】剪力墙混凝土施工

(1)施工准备

1)材料要求

①水泥：用 32.5 级以上普通硅酸盐水泥或矿渣硅酸盐水泥。当用矿渣硅酸盐水泥时，应视具体情况采取早强措施，确保墙体拆

模及扣板强度。

②砂:宜用粗砂或中砂,含泥量不大于3%。

③石:卵石或碎石,粒径为5～32 mm,含泥量不大于1%。

④水:不含杂质的洁净水。

⑤掺和料:粉煤灰,其掺量应通过试验确定,并应符合有关标准。

⑥外加剂:应符合相应技术规范要求,其掺量应根据施工要求,通过试验室确定。

外加剂的检验和控制

(1)检验要点

1)选用的外加剂应由供货单位提供产品说明书,出厂检验报告及合格证,掺外加剂混凝土性能检验报告。

2)外加剂运到工地(或混凝土搅拌站)必须立即取代表性样品进行检验,进货与工程试配时一致方可使用。若发现不一致时,应停止使用。

3)外加剂应按不同供货单位、不同品种、不同牌号分别存放,标识应清楚。

4)外加剂配料控制系统标识应清楚,计量应准确,计量误差为±2%。

5)粉状外加剂应防止受潮结块,如有结块,经性能检验合格后,应粉碎至全部通过0.63 mm筛后方可使用。液体外加剂应放置阴凉干燥处,防止日晒、受冻、污染、进水或蒸发,如有沉淀等现象,经性能检验合格后方可使用。

(2)外加剂匀质性指标

混凝土外加剂的质量是由掺入外加剂后混凝土的性能来评定的。外加剂匀质性指标见表3—1。

(3)外加剂取样

生产厂应根据产量和生产设备条件,将产品分批编号,掺量大于1%(含1%)同品种的外加剂每一编号为100 t,掺量小于

表 3—1 外加剂匀质性指标

试验项目	指标
含固量或含水量	(1)对液体外加剂,应在生产厂所控制值的相对量的3%之内; (2)对固体外加剂,应在生产厂所控制值的相对量的5%之内
密度	对液体外加剂,应在生产厂所控制值的±0.02 g/cm³ 之内
氯离子含量	应在生产厂所控制值对量的5%之内
水泥净浆流动度	应不小于生产控制值的95%
细度	0.315 mm 筛筛余应小于15%
pH 值	应不小于生产控制值±1之内
表面张力	应不小于生产控制值±1.5之内
还原糖	应不小于生产控制值±3%
总碱量(Na_2O+0.658K_2O)	应不小于生产控制值的相对量的5%之内
硫酸钠	应不小于生产控制值的相对量的5%之内
泡沫性能	应不小于生产控制值的相对量的5%之内
砂浆减水率	应不小于生产控制值±1.5%之内

1%的外加剂每一编号为50 t,不足100 t或50 t的也可按一个批量计,同一编号的产品必须是混合均匀的。每批取样量不少于0.2 t水泥所需用的外加剂量。

每一编号取得的试样应充分混匀,分为两等份。一份按《混凝土外加剂》(GB 8076—2008)规定方法与项目进行试验;另一份要密封保存半年,以备有疑问时交国家指定的检验机构进行复验或仲裁。如生产和使用单位同意,复验和仲裁也可现场取样。

⑦配合比标牌、半自动搅拌站、料场要求：配合比标牌要标明每罐混凝土砂、石、水泥、外加剂、掺和料用量；砂石要测含水率（搅拌前 1 h 测出）。加水量要根据电子秤每秒代表重量换算成秒数（把砂石含水量扣除），配合比要算出每罐混凝土砂、石秤砣砝码重量（包括小车、秤盘重及分几次上料）。外加剂掺和料一律用小台秤提前 1 d 称好，装塑料袋（并做抽查）；散装水泥罐应同时设两个，轮流进水泥才能保证每罐水泥用完清罐，并有等待进场水泥 3 d复试合格的时间。散装水泥、砂、石要经过严格计量，袋装水泥必须抽查 5%～10%的重量，水泥库或水泥罐必须设有标识牌，标明厂家、品牌、品种、等级、生产时间、进场时间、试验结果，并和水泥出厂证、进场复试资料吻台，外加剂的掺加方法应遵从所送外加剂的使用要求。雨后砂、石必须补测含水率，调整用水量。电子计量器测出的每秒出水量必须标在配比牌上，换算成电子计量器的加水秒数，精确至小数点后一位。

现场的砂、石料场要有混凝土硬底。料堆离挡墙顶边至少大于 100 mm。砂石料车进场在门口应有 3 m×5 m×0.1 m 的水塘清洗车轮。从门口到料场路面要硬化，不含泥，装载机上料时，机轮、机斗要保持每天清洗干净。装砂石入搅拌台大斗时，要保证不会混堆。

2)主要机具

塔吊及混凝土搅拌机、砂石配料系统、电子计量装置、铲车、混凝土输送泵、布料杆、插入式振捣棒（分层尺杆、充电电筒）、铁锹、铁盘、木模等或采用吊斗、磅秤、手推车等。

3)施工必备条件

①办完钢筋隐检手续，注意检查支铁、钢筋定距框（水平、垂直）垫块厚度正确，绑扎牢固、到位，以保证保护厚度。核实墙内预埋件、预留孔洞、水电预埋管线、盒槽的位置、数量及固定情况。

②检查模板下口、洞口及角模处拼接是否严密，边角柱加固是否可靠。

③检查并清理模板内残留杂物，用水冲净。外砖内模的砖墙

及木模,常温时已浇水湿润。

④混凝土搅拌机、计量器具、振捣器等已经检查、维修。计量器具已经定期校核。

⑤检查电源、线路,并做好夜间施工照明准备。

⑥由试验室已试配混凝土配合比及外加剂用量,自动上料系统(磅秤)经检查核定计量准确,现场已做开盘鉴定(加含水率调整换算用量)。

⑦技术交底工作已经完成,混凝土浇筑申请书已被批准。

(2)操作工艺

1)工艺流程

作业准备→混凝土搅拌→混凝土运输→混凝土浇筑、振捣→拆模、混凝土养护。

2)混凝土搅拌

采用自落式搅拌机,投料顺序宜为,先加 1/2 用水量,然后加石子、水泥、砂搅拌 1 min,再加 1/2 用水量继续搅拌,搅拌时间不小于 1.5 min,掺外加剂时搅拌时间适当延长。各种材料计量要准确,计量精度要求为:水泥、水、外加剂为±2%,骨料为±3%,每次搅拌混凝土前测定砂石含水率,雨后应立即补测,以保证水灰比的准确。

3)混凝土运输

混凝土从搅拌地点运送至浇筑地点,延长时间尽量缩短,根据气温宜控制在 0.5～1 h 之内。当采用商品混凝土时,应充分搅拌后再卸车,不允许任意加水,当混凝土发生离析时,浇筑前应二次搅拌。与商品混凝土供应单位签订技术合同,保证混凝土供应速度要求。已初凝的混凝土不应使用,凡与技术合同有重大偏差的混凝土不应被使用。

4)混凝土振捣

①墙体浇筑混凝土前,在底部接槎处先浇 50～100 mm 厚与墙体混凝土成分相同的减石子水泥砂浆。用铁锹均匀入模,不应用吊斗直接灌入模内。混凝土分层浇筑的高度应为振捣棒作用部分长度的 1.25 倍。实测现场振捣棒后,制作分层尺杆发给混凝土

班组,并配以充电电筒。振捣棒移动间距不大于振捣棒作用半径的 1.5 倍。实测作用半径后,作出插距交底。分层浇筑、振捣。混凝土下料应分散均匀布料。墙体连续浇筑,应保证混凝土初凝前,下层混凝土上覆盖完上层混凝土,并振捣完。墙体混凝土的施工缝宜设在门漏过梁跨中 1/3 区段。当采用平模时或留在内纵横墙的交界处,墙应留垂直缝,支齿形模。接槎处应振捣密实。浇筑时应随时清理落地灰。

②洞口浇筑时,使洞口两侧浇筑高度对称均匀,振捣棒距洞边满足振捣棒作用半径,尽量远一些。宜从两侧同时振捣,防止洞口变形。洞口下部模板开排气孔,洞外下部可用附着式振捣器辅助两侧插入式振捣。对大洞口下部模板应开口,直接下混凝土及振捣。

③外砖内模、外板内模大角及山墙构造柱应分层浇筑,每层厚度应按分层尺杆下混凝土。内外墙交界处加强振捣,保证密实。外砖内模应采取措施,在外墙上支模。防止外墙鼓胀。

④振捣时插入式振捣器移动间距不宜大于振捣器作用半径的 1.5 倍。应实测作用半径,确定插距,门洞口两侧构造柱要振捣密实,不得漏振,以表面呈现浮浆和不再沉落、不再冒汽泡为达到要求。避免碰撞钢筋、模板、预埋件、预埋管、外墙板空腔防水构造等,发现有变形、位移等情况,各有关工种相互配合进行处理。

⑤墙上口找平,混凝土浇筑振捣完毕,将上口甩出的钢筋按钢筋水平定位距离加以整理,用木抹子按预定标高线,将表面找平,墙体混凝土浇筑高度控制在高出楼板底面浮浆厚度加 5 mm。

5)拆模养护

常温时混凝土强度要能保证其表面及棱角不受损伤,一般取 1.2 MPa,气候无骤变时可控制 10 d。冬期时掺防冻剂,可先松螺栓,待混凝土强度达到 4 MPa 时才拆模,以保证拆模时混凝土不受冻,对外墙挂外架子时,应满足 7.5 MPa 拆模挂架子。常温及时喷水养护或刷养护液、贴塑料膜养护,养护时间不少于 7 d,掺有缓凝型外加剂的混凝土其养护时间不得少于 14 d,浇水次数应能保持混凝土湿润。

6)质量标准

①主控项目

a.混凝土使用的水泥、骨料、外加剂、掺和料等，必须符合施工规范的有关规定，使用前检查出厂合格证、试验报告。

b.混凝土配合比、原材料计量、换算，加含水率、加车盘重的开盘鉴定、搅拌、养护和施工缝处理，必须符合施工规范的规定。

c.混凝土试块必须按规定在混凝土入模处取样、制作，同条件养护试块必须同条件放置，标养试块必须在标准养护室养护和试验，其强度评定应符合《混凝土强度检验评定标准》(GB/T 50107—2010)的要求。同时按《混凝土结构工程施工质量验收规范》(GB 50204—2002)(2011 版)要求留置同条件试块，作为拆模用、结构子分部用和预应力用。

②一般项目

a.混凝土振捣密实，墙面及接槎处应平整。不得有孔洞、露筋、缝隙、夹渣等缺陷。

b.施工缝的位置应在混凝土浇筑前按规范、设计要求及施工技术方案确定。施工缝的处理应按施工技术方案进行。

c.后浇带的留置位置应按设计要求和施工技术方案确定。后浇带混凝土浇筑应按设计要求和施工方案进行。

第三节　构筑物混凝土施工

【技能要点 1】筒仓混凝土施工

(1)混凝土浇筑

1)铺砂浆：筒壁浇筑混凝土前，应在底板上均匀浇筑 5～10 cm 厚，与筒壁相同强度等级的碱石子砂浆。砂浆要用铁锹入模，不应用斜斗直接入模。

2)混凝土搅拌：加料时，按先后将石子、水泥、砂子，最后加水的顺序倒入斗中。各种材料计量要准确，严格控制坍落度，搅拌时间不得少于 1 min。雨季时应随时测定砂石含水率，以保证混凝土配合比的准确。

3)混凝土浇筑:

①浇筑混凝土要分层进行,第一层混凝土浇筑厚度为 50 cm,然后均匀振捣。最上一层混凝土应适当降低水灰比,坍落度以 3 cm为宜。浇筑混凝土时要随时清理落地混凝土。

②洞口处浇筑:混凝土应从洞口正中下料,与洞口两侧混凝土高度一致。振捣时,振捣棒到洞口边 30 cm 以上,最好采用两侧同时振捣,以防洞口变形。

③壁柱浇筑:先将振捣棒捕放到柱根部并使其振动,再灌入混凝土,边下料边振捣,连续作业,浇筑到顶。

④筒壁混凝土振捣棒棒移动间距一般应小于 50 mm,要振捣密实,以不冒气泡为度。要注意不得碰撞各种埋件,并注意保护空腔防水构造,各有关专业工种应相互配合。

4)混凝土养护:常温下混凝土强度大于 1 N/mm^2,冬期施工时大于 5 N/mm^2 时即可拆模,若有可靠的冬期施工措施保证混凝土强度达到 5 N/mm^2 以前不会受冻,可于强度达到 4 N/mm^2 时拆模,并及时修整壁柱边角和混凝土表面。常温施工时,浇水养护不少于 3 昼夜,每天浇水次数以保持混凝土足够的湿润状态为度。

(2)质量要求

1)要严格控制配合比,混凝土出搅拌机时的坍落度应为 5~7 cm,入模时的坍落度为 3~5 cm,每一工作班至少检查两次。外加剂掺量应符合要求。施工中严禁对已拌好的混凝土任意加水。混凝土强度应达到设计要求。

2)混凝土振捣要均匀密实,筒壁面及接槎处应平整光滑,筒壁面不应出现蜂窝、麻面、露筋、粘连、漏振及烂根等现象。

3)筒壁混凝土表面应符合质量允许偏差要求。

【技能要点 2】烟囱混凝土施工

(1)施工准备

1)原材料必须达到混凝土配台比设计所要求的品种规格和质量要求。

2)碱水剂、早强剂等外加剂应符合《混凝土外加剂应用技术规范》(GB 50119—2003)的规定,其掺量必须经试验后确定。

3)施工机具要准备齐全。

(2)施工作业条件

1)完成钢筋隐检工作,注意保护层厚度,核实预埋件、水电管线、预留孔洞的位置、数量及固定情况。

2)检查模板下口、洞口等处拼接是否严密,模板加固是否可靠,各种连接件是否牢固。

3)检查并清理模板内残留杂物,用水冲净。

4)检查电源线路,并做好照明准备工作。

5)核对混凝土配合比及外加剂的掺量,检查机具设备,进行开盘交底。

6)混凝土运输道路平整畅通,架子及安全防护措施安全可靠。

(3)混凝土搅拌

1)根据搅拌机每盘各种材料用量及车辆重量,分别固定好水泥、砂、石的各个磅秤标量。

2)正式搅拌前,搅拌机应空车试运转,正常后方可正式装料搅拌。

3)混凝土原材料用量与配合比用量的允许偏差不得超过下列规定:水泥、外掺和料不得超过±2%;粗细骨料不得超过±3%;水、外加剂不得超过±2%。

4)混凝土搅拌最短时间为60～90 s。

5)一般加料顺序为:石子、水泥、砂、水,掺和料随水泥同时加入,外加剂与水混合后加入。

6)带有自动供水系统的搅拌机应预先调节好供水量。

(4)混凝土运输

混凝土从搅拌机卸出后,应及时用翻斗车或料斗运送到浇筑地点,运送过程中,应防止水泥浆的流失,如有离析现象,必须在浇筑前进行二次搅拌。

(5)混凝土浇筑

1)混凝土从搅拌机卸出后到浇筑完毕的延长时间不宜超过60 min。

2)混凝土浇筑应连续进行,一般间歇不超过2 h,否则应留施工缝。

3)混凝土浇筑从一点开始分左右两路沿圆圈浇筑，两路汇合后，再反向浇筑，这样，不断分层进行，加以振捣。每层的浇筑高度为 250～300 m。

4)如混凝土浇筑高度超过 2 m，应加设串筒下料，用插入式振捣器时应快插慢拔，插点均匀，逐点进行，振捣密实。

5)施工缝处混凝土强度必须大于或等于 1.2 N/mm^2 时，方可继续浇筑混凝土。浇筑前必须清除浮渣并清洗干净后，铺一层 25 mm厚与混凝土成分相同的水泥砂浆。

(6)混凝土养护

由于烟囱很高，需要安装一台高压水泵，用 ϕ50 mm～ϕ60 mm 的水管将水送到井架顶部，并随井架的增高而接高，自管顶用胶管向下引水到围设在外吊梯周围的 ϕ25 mm，胶皮喷水管内喷水；胶管上钻有间距 120～150 mm、直径 3～5 mm 的喷水孔，进行喷水养护。

井架简介

主要用于高层建筑混凝土灌筑时的垂直运输机械，由井架、台灵拔杆、卷扬机、吊盘、自动倾卸吊斗及钢丝缆风绳等组成，具有一机多用、构造简单、装拆方便等优点。起重高度一般为25～40 m，如图 3—17 所示。

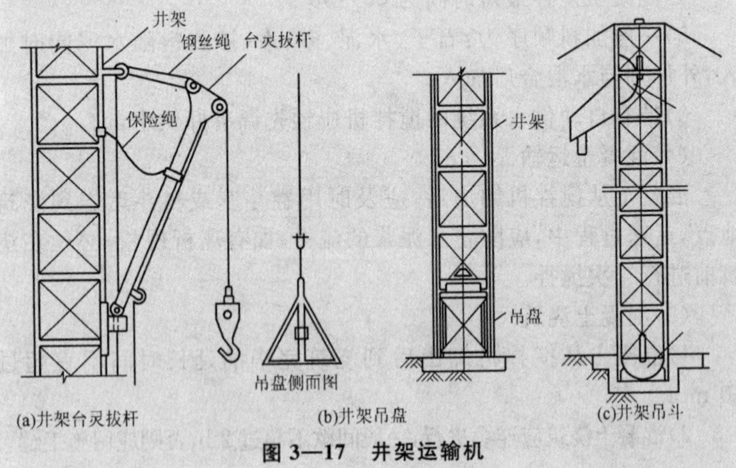

图 3—17　井架运输机

(7)安全措施

1)卷扬机使用前应进行仔细检查,做好空车及重车试运及制动试验,吊笼应安装安全抱闸装置,为防止吊笼冒顶,竖井架上应设两道限位器。

2)夜间施工要有充分照明,应注意安装防雨灯伞。

3)各种机械的电动机必须有接地装置。

4)烟囱施工时,周围应划定危险区,严禁非工作人员进入。

5)当利用钢管竖井架代替避雷针时,必须要有接地装置。

6)高空作业人员身体状况要符合要求。竖井架等设施要经常检查,以免发生事故。

【技能要点3】水塔混凝土施工

(1)材料准备

1)水泥:选用符合配合比设计要求的水泥品种及强度等级。

2)砂:宜用粗砂或中粗砂,含泥量不大于3%。

3)石子:宜选用粒径为0.5～3.2 cm的石子,含泥量不大于1%。

4)外加剂:混凝土外加剂的选用及掺入量应根据施工要求并通过试验确定。

外加剂的选择

(1)外加剂的品种应根据工程设计和施工要求选择,通过试验及技术经济比较确定。

(2)外加剂掺入混凝土中,不得对人体产生危害,不得对环境产生污染。

(3)掺外加剂混凝土所用水泥,宜采用硅酸盐水泥、普通硅酸盐水泥、矿渣硅酸盐水泥、火山灰质硅酸盐水泥、粉煤灰硅酸盐水泥和复合硅酸盐水泥,并应检验外加剂对水泥的适应性,符合要求后方可使用。

(4)掺外加剂混凝土所用材料如水泥、砂、石、掺合料,均应符合国家现行的有关标准的要求。试配外加剂混凝土时,应采用工程使用的原材料、配合比及与施工相同的环境条件，检测项目根据设计及施工要求确定，如坍落度、坍落度经时变化、凝结时间、强度、含气量、收缩率、膨胀率等，当工程所用原材料或混凝土性能要求发生变化时，应再进行试配试验。

(5)不同品种外加剂复合使用，应注意其相容性及对混凝土性能的影响，使用前应进行试验，满足要求方可使用。

(2)施工作业条件

1)浇筑混凝土层的模板、钢筋、钢筋保护层垫块及埋管线等全部安装完毕，经检查合格并办理预检手续。

2)浇筑混凝土用架子及走道已支搭完毕并经检验合格。

3)原材料及外加剂经检查符合要求。

4)检查施工机具、振动器、磅秤是否完好准确；电路、水源及照明设备等经检查无误。

5)工长对班组进行全面施工技术交底。

(3)混凝土搅拌机运输

各种材料应符合施工配合比设计及混凝土拌和物坍落度要求，搅拌时要严格控制水灰比，严禁随意加水。有条件时应尽量选用商品混凝土，以使混凝土质量及和易性均得到保证。搅拌好的混凝土应及时运输到工地，混凝土运输时间要严格控制在规定时间内。在混凝土运输过程中要防止离析、泌水分层等现象。现场高层混凝土运输宜用泵送。

(4)筒壁混凝土浇筑

筒壁混凝土浇筑应从一点开始，分左右两路沿圆周浇筑混凝土，两路汇合后，再反向浇筑，这样不断分层进行，遇洞口处应由正上方下料，两侧浇筑时间不超过 2 h，采用长棒插入式振捣器，间距不超过 50 cm。

(5)水箱壁混凝土浇筑

1)水箱壁混凝土要连续浇筑,一次完成,不留施工缝。

2)混凝土下料要均匀,最好由水箱壁上的两个对称点同时、同方向(顺时针或逆时针方向)下料,以防模板变形。

3)水箱壁混凝土每层浇筑高度以300 mm左右为宜。

4)混凝土振捣时,要用插入式振捣器振捣密实,并做好混凝土的养护工作。

(6)各种管道穿过池壁处混凝土浇筑

1)水箱壁混凝土浇筑到距离管道下面20～30 mm时,将管下混凝土捣实、振平。

2)由管道两侧呈三角形均匀、对称地浇筑混凝土,并逐步扩大三角区,此时振捣棒要斜振。

3)将混凝土继续填平至管道上方30～50 mm。

4)浇筑混凝土时,不得在管道穿过池壁处停工或接头。

(7)水箱底与筒壁接搓出处理

1)筒壁环梁处与水箱底连接预留的钢筋,最好在混凝土强度较低时及时拉出混凝土表面。

2)筒壁环梁处与水箱底接槎处的混凝土槎口,宜留毛槎或人工凿毛。

3)浇筑水箱底混凝土前,须先将环梁上预留的混凝土槎口用水清洗干净,并使其湿润。

4)旧槎先用与混凝土同强度等级的砂浆扫一遍,然后再铺新混凝土。

5)接槎处要仔细振捣,使新浇混凝土与旧槎结合密实。

6)加强混凝土的养护工作,使其经常保持湿润状态。

(8)安全处理

1)浇筑混凝土前,要检查架子是否牢固,模板是否已经支撑结实,较大的缝隙是否已经处理好。

2)倾倒混凝土时不要猛力冲击架子和模板。

3)人模高度要保持基本均匀,禁止堆积一处而将模板压偏。

第四节　预应力混凝土施工

【技能要点 1】先张法预应力混凝土施工

(1)先张法张拉工艺

先张法工艺流程如图 3—18 所示。

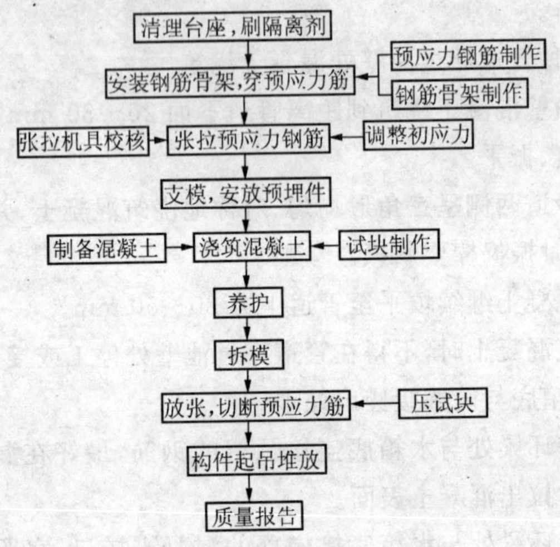

图 3—18　先张法工艺流程

(2)预应力筋的张拉程序

张拉程序应按设计要求进行，如无设计规定时可按规范执行。为了避免在钢筋张拉过程中产生的预应力损失，一般都用超张拉方法建立张拉程序。

预应力钢丝由于张拉工作最大，宜采用一次张拉程序，即 0→1.03～1.05σ 锚固。

其中 1.03～1.05σ 是考虑弹簧测力计的误差、温度影响、台座横梁或定位板刚度不足、台座长度不符合设计取值、工人操作影响等。

预应力钢筋的张拉程序可采用 $0 \rightarrow 1.05\sigma_{con} \xrightarrow{\text{持荷 2 min}} \alpha_{con}$ 锚固，主要减少应力松驰损失。同时根据规范规定，预应力筋的张拉

控制应力 σ_{con} 不宜超过给定的数据。

(3)混凝土浇筑和养护

预应力筋在张拉、绑扎和立模工作完成后，应立即浇筑混凝土，每条生产线应一次浇筑完毕。为保证钢筋与混凝土有较好的黏结，浇筑时振动器不能碰撞钢筋，混凝土未达到一定强度前，也不允许碰撞或踩动钢筋。构件应避开台面的温度缝，如不能避开，可在缝上铺油毡。采用重叠法生产构件，应待下层构件的混凝土强度达到设计强度等级50％后方可浇筑上层混凝土构件。

(4)预应力筋放张

1)放张顺序

对轴心受压构件，所有预应力筋应同时放松。对偏心受压构件，应先同时放松预应力较小区域的预应力筋。如不能满足上述要求时，应分阶段、对称、相互交错进行放松，以防止在放松过程中，构件产生弯曲、裂纹以及预应力筋断裂等现象。

2)放张要求

预应力筋放张时，混凝土的强度应符合设计要求；如设计无规定，不应低于强度等级的75％。

放张前，应拆除侧模，使放张时构件能自由收缩，否则将损坏模板或造成构件开裂。对有横肋的构件(如大型屋面板)，其横肋断面应有合适的斜度或采用活动模板，以免放张钢筋时构件端肋开裂。

3)放张方法

配筋不多的中小型钢筋混凝土构件，钢丝可用砂轮锯或切断机切断等方法放张。配筋多的钢筋混凝土构件，钢丝应同时放张。如果逐根放张，最后几根钢丝将由于承受过大的拉力而突然断裂，易使构件端部开裂。放张后预应力筋的切断顺序一般由放张端开始，逐一切向另一端。

对热处理钢筋及冷拉HRB500级钢筋，不得用电弧切割，宜用砂轮锯或切断机切断。断量较多时应同时放张，可采用油压千斤顶、砂箱、楔块等装置，如图3—19所示。

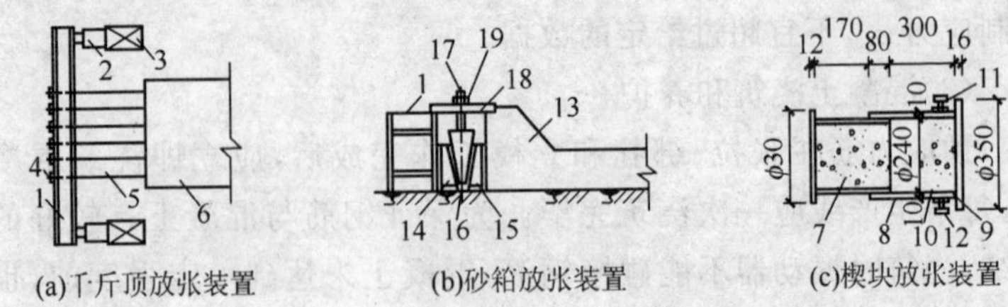

(a)千斤顶放张装置　(b)砂箱放张装置　(c)楔块放张装置

图 3—19　预应力筋放张装置(单位:mm)

1—横梁;2—千斤顶;3—承力架;4—夹具;5—钢丝;6—构件;7—活塞;8—套箱;9—套箱底板;10—砂;11—进砂口;12—螺丝;13—台座;14,15—钢固定楔块;16—钢滑动楔块;17—螺杆;18—承力板;19—螺母

【技能要点 2】后张法预应力混凝土施工

(1)后张法张拉工艺

后张法不需要台座设备,大型构件可分块制作,运到现场拼装,利用预应力筋连成整体。因此,后张法灵活性大,但工序较多,锚具耗钢量较大,其工艺流程如图 3—20 所示。

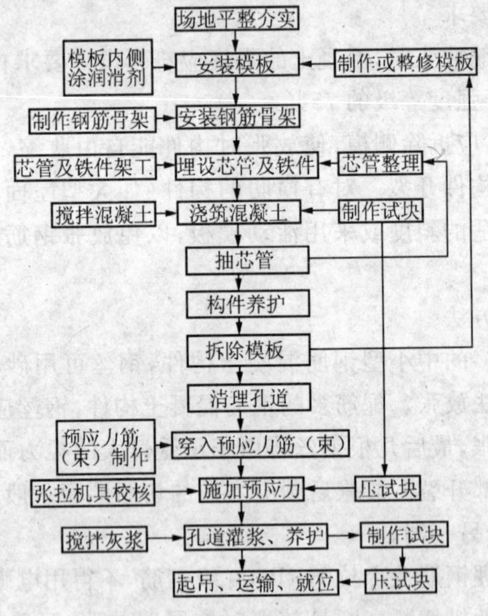

图 3—20　后张法生产工艺流程

(2)预应力筋的孔道留设

预应力筋的孔道形状有直线、曲线和折线三种。孔道直径取决于预应力筋和锚具。对于粗钢筋,孔道直径应比预应力筋外径、钢筋对焊接头外径大10～15 mm;对于钢丝或钢绞线,孔道的直径应比预应力束外径或锚具外径大5～10 mm,且孔道面积大于预应力筋面积的两倍。凡需要起拱的构件,预留孔道宜随构件同时起拱。

对孔道成形的基本要求是:孔道的尺寸与位置应正确,孔道应平顺,端部预埋件钢板应垂直孔道中心线等。孔道成形的质量对孔道摩阻损失的影响较大。

(3)后张法预应力筋张拉程序

后张法拉预应力钢筋时,结构的混凝土强度应达到设计强度的75%以上或设计要求。

预应力筋的张拉程序主要根据构件类型、张锚体系、松驰损失取值等因素确定,可采用下列程序:

1)$0 \rightarrow 1.05\sigma_{con} \xrightarrow{\text{持荷 2 min}} \sigma_{con}$

以上程序可减少预应力筋松驰损失。

2)$0 \rightarrow 1.03\sigma_{con}$

当预应力筋的张拉吨位不大、根数较多,设计中又要求采用超张拉以减少应力松驰损失时采用。

(4)孔道灌浆

预应力筋张拉后,利用灰浆泵将水泥浆压灌到预应力孔道中去,其作用有两方面:一是保护预应力筋,以免锈蚀;二是促进预应力筋与构件混凝土有效的黏结,以控制超载时裂缝的间距与宽度,并减轻两端锚具的负荷状况。因此,对孔道的灌浆质量必须重视。

1)预应力筋张拉后,孔道应尽快灌浆。用连接器连接的多跨度连续预应力的孔道灌浆,应张拉完跨随即灌注一跨;不应在各跨全部张拉完毕后,一次连续灌浆。

2)孔道灌浆应采用不低于P·O 42.5级水泥浆;对空隙较大的孔道,可采用砂浆灌浆,水泥浆和砂浆强度标准值均不应低于

20 N/mm²,水泥浆的水灰比为0.4～0.45,搅拌后3 h泌水率宜控制在2%以内,最大不得超过3%。

3)为增加孔道灌浆的密实性,在水泥浆中可掺入对预应力筋无腐蚀作州的外加剂,如掺入占水泥重量0.25%的木质素磺酸钙或占水泥重量0.05%的铝粉等。

4)灌浆前,用压力水冲洗和湿润孔道,用电动或手动灰浆泵进行灌浆。

5)灌浆应缓慢均匀地进行,不得中断,并应排气通顺。

6)在孔道两端冒出浓浆并封闭排气孔后,宜再继续加压至0.5～0.6 MPa,稍后再封闭灌浆孔。

7)灌浆顺序应先下后上,以避免上层孔道漏浆而把下层孔道堵塞。

8)对不掺外加剂的水泥浆,可采用二次灌浆法,以提高孔道灌浆的密实性。

第五节　特性混凝土施工

【技能要点1】轻骨料混凝土施工

(1)轻骨料混凝土的运输和堆放

1)轻骨料要按不同品种分批运输和堆放,避免混杂,以免影响混凝土的技术性能。

2)轻骨料在运输和堆放时,应尽量保持颗粒的混合均匀,避免大小分离;采用自然级配堆放时,其高度不宜超过2 m,并应防止泥土、树叶及其他有害物质混入。

(2)轻骨料混凝土的搅拌

1)轻骨料混凝土拌制时,砂轻混凝土拌和物的各组分材料均按质量计量;全轻混凝土拌和物中的轻骨料组分可采用体积计量,但宜按质量进行校核。

2)粗骨料、细骨料、掺和料的质量计量允许偏差为±3%,水、水泥和外加剂的质量计量允许偏差为±2%。

3)轻骨料混凝土在每批量生产前必须测定轻骨料的含水率;

在批量生产过程中应经常抽测轻骨料的含水率；雨天施工或拌和物和易性反常时，应及时测定轻骨料含水率，调整用水量。

4)轻骨料混凝土拌和物的搅拌必须采用强制式搅拌机。

5)采用强制式搅拌机的加料顺序是：先加细骨料、水泥和粗骨料，加 1/2 总用水量搅拌约 1 min 后，再加水继续搅拌不少于 2 min。

6)使用外加剂时，外加剂应预先溶化在水中，待混合溶液均匀后，再加到剩余的水中，一同加入搅拌机。

(3)轻骨料混凝土拌和物的运输

1)轻骨料混凝土拌和物的运输和停放时间不宜过长，否则，容易出现离析。轻骨料混凝土拌和物从搅拌机卸出后至浇灌入模内的延续时间，一般不超过 45 min。

2)轻骨料混凝土拌和物在运输和停放中，若出现拌和物和易性降低时，宜在卸料使用前掺入适量减水剂进行二次搅拌，满足施工所需和易性要求。

3)轻骨料混凝土用泵进时，必须在拌和前将粗骨料浸水预湿至接近饱和状态，以避免粗骨料在压力作用下大量吸水，确保轻骨料混凝土能像普通混凝土一样进行泵送。否则，在压力作用下轻骨料易于吸收水分，使混凝土流动性下降，增大了与输送管道的摩擦力，容易引起管道的阻塞，输送管的管径不宜小于 125 mm。

(4)轻骨料混凝土拌和物的浇灌和成型。

1)用半干硬性轻骨料混凝土拌和物浇灌钢筋轻骨料混凝土构件时，应采用振动台振捣成型和表面加压(0.2 N/cm^2 左右)成型。厚度小于 20 cm 的构件，允许采用表面振动成型。

振动台的操作要点

(1)振动台应安装在牢固的基础上，地脚螺栓应有足够的强度并拧紧。在基础中间必须留有地下坑道，以方便调整和维修。

(2)使用前要进行检查和试运转，检查机件是否完好，所有紧固件特别是轴承座螺栓、偏心块螺栓、电动机和齿轮箱螺栓等，必须紧固牢靠。

(3)振动台不宜在空载状态时作长时间运转。作业中必须安置牢固可靠的模板并锁紧夹具，以保证模板中的混凝土和台面一起振动。

(4)齿轮因承受高速重负荷，故需有良好的润滑和冷却；齿轮箱油面应保持在规定的水平面上，作业时油温不可超过70 ℃。

(5)应经常检查各类轴承并定期拆洗更换润滑脂。作业中要注意检查轴承温升，发现过热应停机检修。

(6)电动机接地应良好可靠，电源线和线接头应绝缘良好，不可有破损漏电现象。

(7)振动台台面应经常保持清洁平整，使其和模板接触良好。由于台面在高频重载下振动，容易产生裂纹，必须注意检查，及时修补。

2)现场浇筑竖向结构物时，每层浇灌的厚度应控制在30～50 cm，并采用插入式振捣器进行振捣。

3)浇筑面积较大的构件，如厚度超过24 cm时，宜先用插入式振捣器振捣，再用平板式振捣器进行表面振捣。

4)插入式振捣器在轻骨料混凝土中插入点之间的距离应不大于棒的振动作用半径的一倍。插入式振捣器硬插入下层拌和物约50 mm。

5)轻骨料混凝土的振捣延续时间以拌和物捣实为准，振捣时间不宜过长，以防轻骨料上浮。振捣时间随拌和物稠度、振捣部位等不同，在10～30 s内选用。

(5)轻骨料混凝土的养护

1)当采用自然养护时，轻骨料混凝土浇筑成型后应防止表面失水太快，避免由于内外温差太大而出现表面网状裂纹。脱模后应及时覆盖和喷水养护。

2)采用自然养护时，保湿养护时间应遵守下列规定：用普通硅酸盐水泥、硅酸盐水泥、矿渣水泥拌制的混凝土，湿养护时间不少于7 d；用粉煤灰水泥、火山灰水泥拌制的混凝土和掺缓凝型外加剂的混凝土，湿养护时间不少于14 d。构件用塑料薄膜覆盖养护时，要保持密封，保持膜内有凝结水。

3)采用蒸汽养护时，成型后静停时间不宜少于2 h，并应控制升温和降温速度。

【技能要点2】高强混凝土施工

(1)高强混凝土施工时要严格控制配合比，各种原材料称量误差不应超过以下规定：水泥不超过±2%；活性矿物掺和料不超过±1%；粗、细骨料不超过±3%；水、高效减水剂不超过±0.1%。

(2)高强混凝土应采用强制式搅拌机拌制，并适当延长搅拌时间。严格控制高教减水剂的掺入量，掌握正确的掺入方法。高强混凝土应尽量缩短运输时间，选择好高效减水剂的最佳掺入时间，以免高效减水剂失效而造成混凝土坍落度减小。

(3)高强混凝土要避免因搅拌和运输时间过长而增加含气量，因为对水灰比小的高效混凝土来讲，会因含气量增加而造成强度下降。据统计，对于强度为60 MPa的高强混凝土，每增加1%的含气量，抗压强度将降低5%；强度为100 MPa的高强混凝土，每增加1%含气量，强度降低达9%。

(4)高强混凝土应用高频振捣器充分振捣，浇筑后8 h内应覆盖并浇水养护，养护时间应不少于14 d。由于高强混凝土水灰比小，水泥用量较多，养护不当容易失水，出现干缩裂缝，影响混凝土的质量。

(5)高强混凝土采用泵送施工时，要控制水泥用量，一般不超过500 kg/m^3，可以掺入水泥重量的5%～10%的磨细粉煤灰替代部分水泥，每掺1 kg粉煤灰可替代0.5 kg水泥，而粉煤灰颗粒具有球形玻璃体的光滑表面，有利于混凝土的泵送。应选用减水效率高，少量引气作用的减水剂或复合型减水剂。砂率应适当控制，既要保证混凝土的强度，又要能满足泵送施工的要求。一般在满足泵送施工要求的前提下，砂率宜控制在37%以内。

(6)高强混凝土中掺入高效减水剂后,在流动性相当的条件下,对混凝土的凝结不会产生多大影响,但在坍落度增大或气温较低、高效减水剂掺量较大时,混凝土的凝结往往会延缓。因此在确定后张法预应力混凝土构件抽拔管道和拆模时间时,应根据试验来确定。

(7)用高效减水剂配制的高强混凝土,由于坍落度损失大于不掺或掺木质素左横酸钙的混凝土,因此浇筑完毕后的表面抹面处理更应认真对待。

(8)配制高强混凝土所用的水泥强度高,用量大,因此水泥的水化热高,使混凝土内部的温度较高而产生较大的温度应力,有可能导致混凝土开裂。为减小混凝土浇筑后结构物或构件的内外温差,应采取保温措施。又因高强混凝土水泥用量较大,比普通混凝土的干缩性大,所以更应该重视保湿养护。

(9)高强混凝土在搅拌时,如果所用水泥的温度过高或用水温度过高(>50 ℃)时,可能会使掺高效减水剂的混凝土出现假凝现象,失去减水剂的减水效能。此时,应将所有水泥或搅拌用水的温度降低。

(10)如果采用复合型高效减水剂时,应该通过试验证明这些复合组成对混凝土的凝结硬化和体积稳定性不产生影响,对钢筋无锈蚀作用。

(11)配制高强混凝土时,应择优选用减水剂和水泥,尤其当混凝土强度比水泥标准抗压强度高出 10 MPa 以上时,更为重要。

(12)掺高效减水剂的高强混凝土,往往会出现坍落度减小过多的问题,应根据不同工程的特点,通过复配手段,选择对坍落度影响小的优质产品。施工中应考虑到输送过程中坍落度损失对浇筑抹面的影响。

【技能要点 3】泵送混凝土施工

(1)泵送混凝土对模板和钢筋的要求

1)对模板的要求

由于泵送混凝土的流动性大和施工的冲击力大,因此在设计模板时，必须根据泵送混凝土对模板侧压力大的特点，确保模板和支撑有足够的强度、刚度及稳定性。

2）对钢筋的要求

浇筑混凝土应注意保护钢筋，一旦钢筋骨架发生变形或位移，应及时纠正。混凝土板和块体结构的水平钢筋骨架（网），应设置足够的钢筋撑脚或钢支架。钢筋骨架重要节点应采取加固措施。行动布料杆应设钢支架架空，不得直接支撑在钢筋骨架上。

（2）混凝土的泵送

混凝土泵的操作是一项专业技术工作，要做到安全使用及正确操作，应按照使用说明书及其他有关规定的要求，并结合现场实际情况制定专门操作要点。操作人员必须经过培训合格后，方可上岗独立操作。

混凝土泵简介

混凝土泵是将混凝土从搅拌设备处，通过水平或垂直管道，连续不断地泵送到浇注地点的一种混凝土输送机械。按混凝土泵驱动方式可分为挤压式混凝土泵、柱塞式混凝土泵。目前一般采用的是液压柱塞式混凝土泵。

混凝土泵按是否能移动分汽车式、牵引式和固定式三种，其型号分类及表示方法，见表3—2。

表3—2　混凝土泵的型号分类及表示方法

设备	型号	代号	代号含义	主参数	
				名称	单位
混凝土泵HB（混泵）	固定式G（固） 拖式T（拖） 车载式C（车）	HBG HBT HBC	固定式混凝土泵 拖式混凝土泵 车载式混凝土泵	理论输送量	m^3/h
臂架混凝土泵车BC（泵车）	整体式— 半挂式B（半） 全挂式Q（全）	BC BCB BCQ	整体式臂架混凝土泵车 半挂式臂架混凝土泵车 全挂式臂架混凝土泵车	理论输送量，布料高度	m^3/h， m

混凝土泵要安装牢靠，防止移动和倾翻。混凝土泵与输送管连通后，应按混凝土泵使用说明书的规定进行全面检查，符合要求后方能开机进行空运转。

混凝土泵启动后，应先泵送适量的水，以润湿混凝土泵的料斗、活塞及输送管的内壁等直接与混凝土接触的部位。经泵送水检查，确认混凝土泵和输送管中没有异物后，可以采用与泵送混凝土配合比成分相同的水泥砂浆（除粗骨料外），也可以采用纯水泥浆或1∶2水泥砂浆润湿内壁。这种润湿用的水泥浆或水泥砂浆应分散布料，不得集中浇注在同一处。

开始泵送时，混凝土泵应处于慢速、匀速并随时可反泵的状态。泵送的速度应先慢后快，逐步加速。同时，应观察混凝土泵的压力和各系统的工作情况，待各系统运转顺利后，再按正常速度进行泵送。混凝土泵送应连续进行。如必须中断时，应保证混凝土从搅拌至浇筑完毕所用的时间不超过混凝土允许的延续时间。

泵送混凝土时，混凝土泵的活塞应尽可能保持在最大行程运行。这样做，一是可提高混凝土泵的输送效率，二是有利于机械的保护。混凝土泵的水箱或活塞清洗室中应经常保持充满水。泵送时，如输送管内吸入空气，应立即进行反泵吸出混凝土，将其送入料斗中重新搅拌，排出空气后再泵送。

当混凝土泵出现压力升高且不稳定、油温升高、输送管有明显振动等现象而泵送困难时，不得强行泵送，应立即查明原因，采取以下措施排除：

1）反复进行反泵和正泵，逐步吸出至料斗中，重新搅拌后再泵送。

2）可用木槌敲击的方法，查明堵塞部位，并在管外击松混凝土后，重复进行反泵和正泵，排除堵塞。

3）当上述两种方法无效后，应在混凝土卸压后，拆除堵塞部位的输送管，排出混凝土堵塞物后，再接通管道。重新泵送前，应先排除管内空气，方可拧紧接头。

4）混凝土泵送过程中，若需要有计划地中断泵送时，应在预先确定中断浇筑的部位停止泵送，且中断时间不要超过 1 h。同时应采取下列措施：

①混凝土泵车卸料清洗后重新泵送或利用臂架将混凝土泵入料斗中，进行慢速间歇循环泵送；有配管输送混凝土时，可以进行慢速间歇泵送。

混凝土泵车简介

为提高混凝土泵的机动性和灵活性，在混凝土泵的基础上，将液压活塞式混凝土泵固定安装在汽车底盘上，使用时开至需要施工的地点，进行混凝土泵送作业，称为泵车或混凝土泵车。一般情况下，此种泵车都附带装有全回转三段折叠臂架式的布料杆。整个泵车主要由混凝土推送机构、分配闸阀机构、料斗搅拌装置、悬臂布料装置、操作系统、清洗系统、传动系统、汽车底盘等部分组成。这种泵车使用方便，适用范围广，它既可以利用工地配置装接的管道将混凝土输送到较远、较高的浇筑部位，也可以发挥随车附带的布料杆的作用，把混凝土直接输送到需要浇筑的地点。

施工时，现场规划要合理布置混凝土泵车的安放位置。一般混凝土泵应尽量靠近浇筑地点，并要满足两台混凝土搅拌输送车能同时就位，使混凝土泵能不间断地得到混凝土供应，进行连续压送，以充分发挥混凝土泵的有效能力。

②固定式混凝土泵，可利用混凝土搅拌运输车内的料，进行慢速间歇泵送或利用料斗内的混凝土拌和物，进行间歇反泵和正泵。

③慢速间歇泵送时，应每隔 4～5 min 进行一次 4 个行程的正、反泵。

④当向下泵送混凝土时，应先把输送管上气阀打开，待输送管下段混凝土有了一定压力时，方可关闭气阀。

⑤混凝土泵送结束前，应正确计算尚需用的混凝土数量，并应及时告知混凝土搅拌站。

⑥泵送过程中被废弃和泵送终止时多余的混凝土，应按预先

确定的方法及时妥善处理。

⑦泵送完毕后，应将混凝土泵和输送管清洗干净，并应防止废浆高速飞出伤人。

(3)泵送混凝土的浇筑

1)泵送混凝土的浇筑顺序

①泵进混凝土浇筑时，应由远而近浇筑。

②在同一区域浇筑混凝土时，按先浇筑竖向结构然后浇筑水平结构的顺序，分层连续浇筑。

③如不允许留施工缝时，在区域之间、上下层之间的混凝土浇筑间歇时间，不得超过混凝土初凝时间。

④当下层混凝土初凝后，在浇筑上层混凝土时，应先按留施工缝的规定处理。

2)泵送混凝土的布料

①在浇筑竖向结构混凝土时，布料设备的出口离模板内侧面不应小于 50 mm，并不得向模板内侧面直接冲料，也不得将料直冲钢筋骨架。

②浇筑水平结构混凝土时，不得在同一处连续布料；应在 2～3 m 范围内水平移动布料。

③混凝土分层浇筑时，每层的厚度为 360～500 mm。

④泵送混凝土振捣时，捣棒移动间距一般为 400 mm 左右，一次振捣时间一般为 15～30 s，并且在 20～30 min 后进行二次复振。

【技能要点 4】防水混凝土施工

(1)防水混凝土施工，尽可能一次浇筑完成，因此，必须根据所选用的机械设备制定周密的施工方案。尤其对于大体积混凝土更应慎重对待，应计算由水化热能所引起的混凝土内部温升，以采取分区浇筑、使用水化热低的水泥或掺外加剂等相应措施；对于圆筒形构筑物，如沉箱、水池、水塔等，应优先采用滑模方案；对于运输通廊等，可按伸缩缝位置划分不同区段，间隔施工。

(2)施工所用水泥、砂、石子等原材料必须符合质量要求。水泥如有受潮、变质或过期现象，不能降格使用。砂、石的含泥量影响混凝土的收缩和抗渗性，因此，限制砂的含泥量在3%以内，石子的含泥量在1%以内。

(3)防水混凝土工程的模板要求严密不漏浆，内外模之间不得用螺栓或钢丝穿透，以免造成透水通路。

(4)钢筋骨架不能用铁钉或钢丝固定在模板上，必须用相同配合比的细石混凝土或砂浆制作垫层，以确保钢筋保护层厚度。防水混凝土的保护层不允许有负误差。此外，若混凝土配有上、下两排钢筋时，最好用吊挂方法固定上排钢筋，若不可能而必须采用铁马架时，则铁马架应在施工过程中及时取掉，否则，就需在铁马架上加焊止水钢板，以增加阻水能力，防止地下水沿铁马架渗入。

(5)为保证防水混凝土的均匀性，其搅拌时间应较普通混凝土稍长，尤其是对于引气剂防水混凝土，要求搅拌2～3 min。外加剂防水混凝土所使用的各种外加剂，都需预溶成较稀溶液加入搅拌机内，严禁将外加剂干粉和高浓度溶液直接加入搅拌机，以防外加剂或气泡集中，影响混凝土的质量。引气剂防水混凝土还需按时抽查其含气量。

(6)光滑的混凝土泛浆面层，对防止压力水渗透有一定作用，所以模板面要光滑，钢模板要及时清除模板上的水泥浆。

(7) 为保证混凝土的抗渗性，防水混凝土不允许用人工捣实，必须用机械振捣。振捣要仔细，对于引气剂防水混凝土和减水剂防水混凝土，宜用高频振动器排除大气泡，以提高混凝土的抗渗性和抗冻性。

(8)施工缝应尽可能不留或少留。如因浇筑设备等条件限制不能连续进行浇筑时，则可按变形缝划分浇筑段。每一浇筑段应争取一次浇筑完毕。如确有困难，则底板必须连接浇筑完，墙板可留设水平施工缝，不得留设垂直施工缝，如必须留设垂直施工缝时，应尽量与变形缝相结合，按变形缝处理。水平缝位置应避开剪力和弯距最大处或底板与侧墙交接处，而应留在距底板表面200 mm以上，如图3—21所示，距离墙孔洞边缘不小于300 mm，并采取相应措施，做到接缝处不渗不漏。

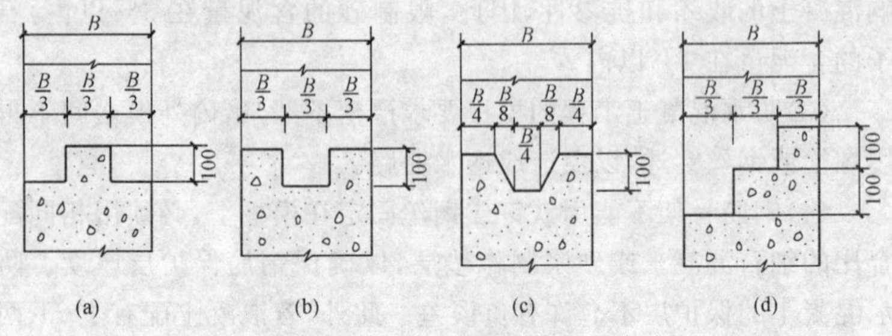

图 3—21　施工缝留设距离

防水混凝土工程常用的施工缝有平口、企口和竖插钢板止水片等几种形式。为了使接缝紧密结合，无论采用哪种接缝形式，浇筑前均需将接缝表面凿毛，清理浮粒和杂质，用水清洗干净并保持湿润，再铺上 20～25 mm 厚的砂浆，所用材料和灰砂比应与浇筑墙体混凝土所用的一致，捣实后再继续浇筑上部墙体。

(9)在厚度大于 1 m 的钢筋防水混凝土结构中，可填充粒径为 150～250 mm 的块石，其掺加量不应超过混凝土体积的 20%。块石必须分层直立埋置，间距不小于 150 mm，与模板的间距不小于 200 mm，并使结构顶面及底面均有 150 mm 以上的混凝土层。

(10)防水混凝土必须振捣密实，采用机械振捣时，插入式振动器插入间距不应超过有效半径 1.5 倍，要注意避免欠振、漏振和过振，在施工缝和埋设件部位尤需注意振捣密实。要注意避免振动器触及模板、止水带及埋设件等。

(11)防水混凝土的养护对其抗渗性能影响极大，混凝土早期脱水或养护过程中缺少必要的水分和温度，则抗渗性大幅度降低，甚至完全丧失。因此，当混凝土进入终凝(约浇灌后 4～6 h)即应开始浇水养护，养护时间不少于 14 d。防水混凝土不宜采用蒸汽养护，冬期施工时可采取保温措施。

(12)防水混凝土因对养护要求较严，因此不宜过早拆模，拆模时混凝土表面温度与周围气温温差不得超过 15 ℃～20 ℃，以防混凝土表面出现裂缝。

第六节　模板混凝土施工

【技能要点1】大模板混凝土施工

(1)大模板的配置方法

1)按建筑物的平面尺寸确定模板型号。

根据建筑设计的轴线尺寸,确定模板的尺寸,凡外形尺寸和节点构造相同的模板均为同一种型号。当节点相同,外形尺寸变化不大时,可以用常用的开间、进深尺寸为基准模板,另以适当尺寸配模板条。每道墙体由两片大模板组成,一般可采用正反号表示。同一侧墙面的模板为正号,另一侧墙面用的模板则为反号,正反号模板数量相等,以便于安装时对号就位。

2)根据流水段大小确定模板数量。

常温条件下,大模板施工般每天完成一个流水段,所以在考虑模板数量时,必须以满足一个流水段的墙体施工来确定。另外,在考虑模板数量时,还应考虑特殊部位的施工需要。如电梯间以及山墙模板的型号和数量。

3)根据开闸、进深、层高确定模板的外形尺寸。

①模板高度,模板高度与层高及楼板厚度有关,可以通过下式计算:

$$H=h-h_1-c_1$$

式中　H——模板高度(mm);

h——楼层高度(mm);

h_1——楼板厚度(mm);

c_1——余量,考虑找平层砂浆厚度、模板安装不平等因素而采用的一个常数,通常取20～30 mm。

②横墙模板的长度与房间进深轴线尺寸、墙体厚度及模板搭接方法有关,按下式确定:

$$L_1=l_1-l_2-l_3-c_2$$

式中　L_1——横墙模板长度(mm);

l_1——进深轴线尺寸(mm);

l_2——外墙轴线至内墙皮的距离(mm)；

l_3——内墙轴线至墙面的距离(mm)；

c_2——拆模方便设置的常数，一般为 50 mm，此段空隙用角钢填补(mm)。

③纵墙模板的长度与开间轴线尺寸、墙体厚度、横墙模板厚度有关，按下式确定：

$$L_2 = l_4 - l_5 - l_6 - c_3$$

式中　L_2——纵墙模板长度(mm)；

l_4——开间轴线尺寸(mm)；

l_5——内横墙厚度，如为端部开间时，尺寸为内横墙厚度的 1/2 加山墙轴线到内墙皮的尺寸(mm)；

l_6——横墙模板厚度×2(mm)；

c_3——模板搭接余量，为使模板能适应不同墙体的厚度而取的一个常数，通常为 40 mm。

(2)大模板混凝土浇筑

1)强度的要求

墙体混凝土除了要符合设计的强度等级要求外，还应满足流水施工的需要，在规定时间内应达到 1 MPa 的拆模强度和 4 MPa 的安装楼板的要求强度。当墙体混凝土强度等级为 C15～C20 时，在常温下一般养护 8～10 h 即可达到拆模强度，36～48 h 能达到安装楼板时所需的强度。

2)表面平整的要求

墙体混凝土表面一般不再抹灰，故应保证浇筑后的混凝土表面平整光洁，不应有蜂窝、麻面和密集气泡。

3)工艺性能的要求

由于墙体厚度薄，浇筑高度大，表面质量有严格要求，因此，混凝土坍落度以 4～6 cm 为宜，不宜采用干硬性混凝土。

①混凝土浇筑前对组装的大模板及预埋体、节点钢筋等进行一次全面的检查，如发现问题，应及时校正。

②工地拌制混凝土必须按季节选用试验定预先设计的混凝土

级配，宜加入木质素磺酸钙减水剂，混凝土坍落度控制在6～10 cm。

4）浇筑方法

①混凝土搅拌后，即运送到料斗内，由塔式起重机将料斗吊到大模板上口，直接灌入大模板内。为了防止混凝土落到底部时产生离析现象和对大模板产生过大的冲击力而增加模板的侧压力，应采用漏斗或导管。

②混凝土开始浇筑前，应先浇一层5 cm左右、与混凝土内砂浆成分相同的砂浆，然后分层浇筑。每层浇筑厚度不得超过60 cm；对内浇外砖结构四大角构造柱的混凝土，每层浇筑厚度不得超过30 cm。

③混凝土浇筑顺序应先从第三、二轴线开始，然后进行第一轴线及其他轴线的混凝土浇筑。浇筑必须分皮进行，第一皮30～40 cm，宜用人工铲入，这皮混凝土振平以后才可再倒入混凝土，边振边浇，一次可达模板口下30～40 cm，最后一皮也宜用人工铲入振实抹平。

④浇筑门、窗洞口两侧混凝土时，应注意要在门、窗孔的正上方下料，使两侧均匀受料并同时振捣，以避免门、窗洞模板发生偏移，如图3—22所示。

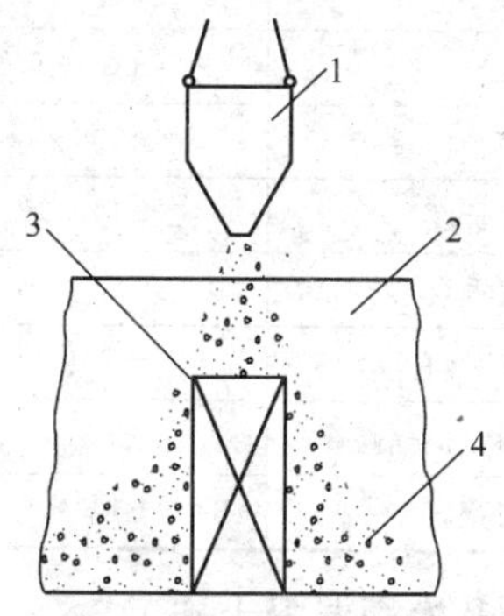

图3—22　门洞处浇筑混凝土示意图

1—混凝土料斗；2—大模板；3—门洞模板；4—混凝土

⑤当墙体连续浇筑时，一道墙的浇筑时间约30 min。若在整

个流水段内数道墙均布浇筑时，上下两层混凝土浇筑间隔时间不应超过混凝土初凝时间。每浇一层混凝土都要用插入式振动器振捣到翻浆不冒气泡为止。振捣应选用频率高，振幅大的振动器，振捣时用力要均匀，墙板内钢筋较密部位及内外墙交接节点处应进行插捣，以保证墙板质量。

⑥混凝土浇筑时应连续作业，不留施工缝。如必须留施工缝时，宜设置在门窗洞口上或外墙楼梯间和横隔墙相交处，并放坡留缝，不设挡板。

⑦每浇筑一楼层混凝土，应做不少于两组的混凝土试块，分别作为拆模、装楼板及最后混凝土强度的依据。

(3)质量标准

大模板工程质量标准见表3—3。

表3—3　大模板工程质量标准

项次	项目	允许偏差(mm)	检查方法
1	外墙板垂直	±5	用2 m靠尺检查
2	外墙板位移	±5	尺检
3	内墙垂直	±5	用2 m靠尺检查
4	内墙表面平整	±4	用2 m靠尺检查
5	内墙上口宽度	±2	尺检
6	内墙轴线位移	±10	尺检
7	预制楼板压墙长度	±10	尺检
8	先立口的门口垂直	±5	尺检
9	先立口的门口对角	±7	尺检
10	后立口的门洞上口标高	±5	尺检
11	后立口的门洞宽度	±10	尺检

【技能要点2】滑升模板混凝土施工

(1)混凝土的配制

用于滑模施工的混凝土，除应满足设计所规定的强度、抗渗性、耐久性等要求外，尚应满足下列规定。

1)混凝土早期强度的增长速度,必须满足模板滑升速度的要求。

2)薄壁结构的混凝土用硅酸盐水泥或普通硅酸盐水泥配制。

3)混凝土浇筑入模时坍落度,应符合表3—4的规定。

表3—4 混凝土浇筑入模时的坍落度

结构种类	坍落度(cm)	
	非泵送混凝土	泵送混凝土
墙板、梁、柱	5~7	14~20
配筋密肋的结构(筒壁结构及细柱)	6~9	14~20
配筋特密结构	9~12	16~22

注:采用人工捣实时,非泵送混凝土的坍落度可适当增加。

4)在混凝土中掺入的外加剂或掺和料,其品种和掺量应通过试验确定。配制混凝土的粗骨料,最好采用卵石,其最大粒径不得超过结构最小厚度的1/5和钢筋最小净距的3/4,对于墙壁结构,一般不宜超过20 mm。另外,在颗粒级配中,可适当加大细骨料的用量,一般要求粒径在7 mm以下的细骨料宜达到50%~55%,料径在0.2 mm以下的细骨料宜在5%以上,以提高混凝土的工作度,减少模板滑升时的摩阻力。配制混凝土的水泥,在一个工程上宜采用同一工厂生产的同一强度等级的产品,以便于掌握其特性。水泥的品种应根据施工的气温、模板的滑升速度及施工对象而选用。一般情况下,高温宜选用凝结速度较慢的水泥,低温宜选用凝结较快、早期强度较高的水泥。气温过高时,宜加入缓凝、减水复合外加剂;气温过低时,宜加入高效减水剂和低温早强、抗冻外加剂。

5)采用高强混凝土时,尚应满足流动性、可泵性和可滑性等要求并应使入模后的混凝土凝结速度与模板滑升速度相适应。混凝土配合比设计初定后,应先进行模拟试验,再作调整。混凝土的初凝时间宜控制在2 h左右,终凝时间可视工程对象而定,一般宜控制在4~6 h。

(2)混凝土运输

混凝土的运输一般可采用井架吊斗或塔吊吊罐,也可直接吊混凝土小车等，将混凝土吊至操作平台上，再利用人工入模浇灌。这种方法需用人工较多，而且运输时间亦较长，不利于滑模的快速施工。有些单位应用混凝土输送泵配合布料杆，解决混凝土的运输和直接入模问题，取得了较好的成果。

(3)布料方法

1)墙体混凝土布料方法：先把混凝土布在每个房间，然后由人工锹运入模。在逐间布料时，应按每个房间平行长墙方向，布料在靠墙边的位置上，再用锹入模。

2)墙体混凝土布料时间：应控制在每个浇灌层(约 20 cm 厚)混凝土，在 1 h 内浇灌入模，振捣完毕。要求每层混凝土之间不得留有任何施工缝。

3)为防止出现结构扭转现象，在奇数层的墙体滑模混凝土布料顺序，应按顺时针方向逐间布料；在偶数层时，应按逆时针方向逐间布料。

4)必要时，还需考虑到季节风向、气温与日照等因素进行布料。

5)楼板混凝土布料顺序为：先远后近，逐间布料。一般先从东北角开始，逐间往东南方向布料，直到南边为止。随后，将布料机空转，至西北部位，再逐间往南方向布料，直至西南边外墙为止。

6)在楼板混凝土逐间布料以后，随即振实。

(4)混凝土出模强度控制

由于滑模施工时，模板是随着混凝土的连续浇筑不断滑升的，混凝土对模板的滑升产生摩阻力。为减少滑升阻力，保证混凝土的质量，必须根据滑升速度适当控制混凝土凝结时间，使出模的混凝土能达到最优的出模强度。混凝土的最优出模强度就是混凝土凝结的程度应使滑升时的摩阻力为最小，出模的混凝土表面易于抹光，不会被拉裂或带起，而又足以支撑上部混凝土的自重，不致流淌、坍落或变形。

为此应将混凝土的出模强度控制在 0.2～0.4 MPa 范围内。在此种出模强度下，不易发生混凝土坍落、拉裂现象，出模后的混凝土表面容易修饰，而且混凝土后期强度损失较少。

(5)混凝土初凝时间控制

由于高层建筑的混凝土浇筑面与浇筑量大，混凝土的初凝时间必须与混凝土的浇筑速度和滑升速度相协调。滑模施工中的混凝土配合比及水泥品种的选择应根据施工时的气温、滑升速度和工程对象而定。夏季施工一般宜选用矿渣水泥，也可以采用普通水泥或掺入适量的粉煤灰。设计配合比时还应进行试配，找出几种在不同的气温条件下混凝土的初凝、终凝时间和强度随时间增长的关系曲线，以供施工时选用。

(6)浇筑阶段的划分

滑升模板施工中浇筑混凝土和提升模板是相互交替地进行的，根据其施工工艺的特点，整个过程可以分为初浇初升、随浇随升和末浇末升三个施工阶段。

1)混凝土的初浇阶段是指在滑升模板组装检查完毕后，从开始浇筑混凝土时至模板开始试升时为止。此阶段混凝土的浇筑高度一般为 600～700 mm，分 2～3 层浇筑，必须在混凝土初凝之前完成。

2)模板初升后，即进入随浇随升阶段。此时，混凝土的浇筑与绑扎钢筋、提升模板两道工序紧密衔接，相互交替进行，以正常浇筑速度分层浇筑。

3)当混凝土浇筑至距设计标高尚差 1 m 左右时，即达到末浇阶段。

(7)混凝土的浇筑

浇筑混凝土前，必须合理划分施工区段，安排操作人员，以使每个区段的浇筑数量和时间大致相等，混凝土的浇筑应满足下列规定。

1)必须分层均匀交圈浇灌，每一浇灌层的混凝土表面应在一个水平面上，并应有计划匀称地变换浇筑方向。

2)分层浇灌的厚度不宜大于 200 mm，各层浇灌的间隔时间，应不大于混凝土的凝结时间(相当于混凝土达 0.35 kN/cm^2 贯入阻力值),当间隔时间超过时,对接槎处应按施工缝的要求处理。

3)在气温高的季节,宜先浇灌内墙,后浇灌阳光直射的外墙;先浇灌直墙,后浇灌墙角和墙垛;先浇灌较厚的墙,后浇灌薄墙。

4)预留孔洞、门窗口、烟道口、变形缝及通风管道等两侧的混凝土,应对称均衡浇灌。开始向模板内浇灌的混凝土,浇灌时间一般宜控制在 2 h 左右,分 2～3 层将混凝土浇灌至 600～700 mm 高度。然后进行模板的初滑。正常滑升阶段的混凝土浇灌,每次滑升前,宜将混凝土浇灌至距模板上口以下 50～100 mm 处,并应将最上一道横向钢筋留置在混凝土外,作为绑扎上一道横向钢筋的标志。在浇筑混凝土的同时,应随时清理黏附在模板内表面的砂浆,保持模板洁净,防止结硬后增加滑升的摩阻力。

(8)混凝土振捣

混凝土的振捣应满足下列要求:

1)振捣混凝土时,振动器小得直接触及支撑杆、钢筋或模板;

2)振动器应插入前一层混凝土内,但深度不宜超过 50 mm;

3)在模板滑动的过程中,不得振捣混凝土。

坍落度较大的混凝土,可用人工振捣;坍落度较小的混凝土,宜用移动方便的小型插入式振动器振捣(目前我同生产有棒头直径为 30 mm 或 50 mm,棒长 230 mm)。如小型振动器不易解决,亦可采用普通高频振动器,但在其头部 200 mm 左右处应做好明显的标志。操作时,严格控制棒头插入混凝土的深度,不得超过标志。应逐步放慢,进行模板准确的放平、找正,最后将余下的混凝土一次浇平。

(9)浇筑时应注意的问题

1)浇筑混凝土时,应划分区段,由固定工人班组负责施工,每区段的浇筑数量和时间应大致相等,并严格执行分层交圈会合,均匀浇筑的浇筑制度。不应自一端开始向单方向浇筑。每层混凝土的浇筑厚度,一般建筑物以 200～300 mm 为宜;框架结构的柱和面积较小的烟囱等,可适当加大至保持在同一水平面上。否则,当浇筑的混凝土表面高低不一时,各处混凝土出模后,原浇筑层表面低处的混凝土可能会发生坍落，高处的混凝土会出现拉裂的情况。

2)各层混凝土的浇筑方向应有计划、匀称地交替变换，防止结构发生倾斜或扭转。

3)混凝土的浇筑顺序，应考虑各种因素对混凝土摩阻力的影响。当气温较高时，宜先浇筑内墙，后浇筑受阳光直射混凝土凝结速度较快的外墙；先浇筑直墙，后浇筑墙角和墙垛；先浇筑较厚的墙，后浇筑薄墙。

4)混凝土入模时，预留孔洞、门窗口，变形缝及通风管道等两侧的混凝土，应对称均衡浇筑，以防止挤动。

5)混凝土的捣实，可采用机械振捣或人工捣实。采用振动器捣实时，宜采用小型振动器。振捣时，振动器应避免接触钢筋、支撑杆和模板，振动器插入下一层混凝土中的深度不宜超过 50 mm。

6)正常滑升时，新浇筑混凝土的表面与模板上口之间，宜保持有 50～100 mm 的距离，以免模板提升时将混凝土带起。同时还应留出一层已绑好的水平钢筋，作为继续绑扎钢筋时的依据，以免发生错漏绑钢筋事故。

7)在浇筑混凝土的同时，应随时清理粘在模板内表面的砂浆或混凝土，以免结硬，而增加滑升的摩阻力，影响表面光滑，造成质量事故。浇筑混凝土的停留时间如超过混凝土的初凝时间，应按施工缝处理。其处理方法与一般混凝土工程施工相同。

(10)混凝土表面的修补

滑模施工混凝土出模以后的表面整修是关系到建筑物的外观和结构质量的重要工序。混凝土出模后应立即进行混凝土表面的修整工作。高层建筑外墙一般都有装饰要求，滑模施工时，外吊脚一样，特殊情况也可挂两排，当混凝土出模后应立即用木抹子搓平，如表面有蜂窝、麻面时，应清除疏松混凝土并用同一配合比的砂浆进行修补。

(11)滑模施工混凝土的养护

1)浇水养护。先用高压泵浆水送至滑模平台上的贮水箱，而后经过挂在操作平台下面沿建筑物四周一圈开有小孔的喷水管喷

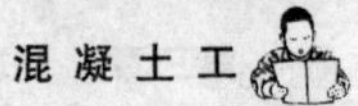

洒。洒水次数可根据施工时气候条件确定。

2)气温低于5 ℃时,不必浇水养护,可用草帘、草包等遮挡保温,必要时可采用冬季施工技术措施,以保证混凝土强度的增长,保证工程质量。

(12)质量标准

滑模施工质量标准,见表3—5。

表3—5 滑模施工工程结构的允许偏差

项 目			允许偏差(mm)
轴线间的相对位移			5
圆形筒壁结构	半径	≤5 m	5
		>5 m	半径的0.1%,不得大于10
标高	每层	高层	±5
		多层	±10
	全高		±30
垂直度	每层	层高≤5 m	5
		层高>5 m	层高的0.1%
	全高	高度<10 m	10
		高度≥10 m	高度的0.1%,不得大于30
槽、柱、梁、壁截面尺寸			+8 −5
表面平稳(2 m靠尺检查)		抹灰	8
		不抹灰	5
门窗洞口及预留洞口位置			25
预埋件位置			20

参考文献

[1] 冯秋良．实用管道工程安装技术手册[M]．北京：中国电力出版社，2006．

[2] 北京土木建筑学会．建筑工人实用技术便携手册．混凝土工[M]．北京：中国计划出版社，2006．

[3] 中华人民共和国住房和城乡建设部．DBJ/101—26—2003 建筑安装分项工程施工工艺规程[S]．

[4] 中华人民共和国建设部人事教育司．混凝土工[M]．北京：中国建筑工业出版社，2002．

[5] 曹丽娟．安装工人常用机具使用维修手册[M]．北京：机械工业出版社，2008．

[6] 中华人民共和国住房和城乡建设部．GB 50204—2002 混凝土结构工程施工质量验收规范(2011 版)[S]．北京：中国建筑工业出版社，2002．

[7] 王华生，赵慧如．混凝土工操作技术指南[M]．北京：中国计划出版社，2000．

[8] 北京土木建筑学会．建筑施工安全技术手册[M]．武汉：华中科技大学出版社，2008．

[9] 杨嗣信．建筑业重点推广新技术应用手册[M]．北京：中国建筑工业出版社，2003．

[10] 邱平，等．新编混凝土无损检测技术[M]．北京：中国环境科学出版社，2002．

[11] 上海市建筑业联合会，工程建设监督委员会．建筑工程施工质量控制与验收[M]．北京：中国建筑工业出版社，2002．